基于动力条分法的滑坡运动过程数值模拟

吴凤元　樊赟赟　梁　力　王　超　著

中国建筑工业出版社

图书在版编目（CIP）数据

基于动力条分法的滑坡运动过程数值模拟 / 吴凤元
等著. —北京：中国建筑工业出版社，2020.8
ISBN 978-7-112-25628-0

Ⅰ. ①基… Ⅱ. ①吴… Ⅲ. ①滑坡—动力学—数值模
拟 Ⅳ. ①P642.22

中国版本图书馆 CIP 数据核字（2020）第 239422 号

　　近年来，在人类工程活动和极端气候变化等因素的影响下，滑坡灾害发生的频率
越来越高且暴发规模也越来越大，发生时通常会对人类的生命和生活造成巨大危害，
时刻困扰着人类。本书主要介绍了滑坡运动过程的主要研究发展动态、滑坡运动过程
动力条分法模型及其在工程实例中的应用。本书的编者都是长期从事地质灾害动力过
程教学和科研的高等院校教师，具有丰富的教学、研究和实践经验。

责任编辑：杨　杰
责任校对：李欣慰

基于动力条分法的滑坡运动过程数值模拟

吴凤元　樊赟赟　梁　力　王　超　著
*
中国建筑工业出版社出版、发行（北京海淀三里河路 9 号）
各地新华书店、建筑书店经销
北京红光制版公司制版
北京市密东印刷有限公司印刷
*
开本：787 毫米×960 毫米　1/16　印张：5¼　字数：96 千字
2020 年 11 月第一版　2020 年 11 月第一次印刷
定价：**58.00** 元
ISBN 978-7-112-25628-0
（35900）

前　　言

　　滑坡是一种常见的地质灾害，常常会掩埋村庄、摧毁厂矿、破坏铁路和公路交通、堵塞江河、损坏农田和森林等，从而给人们的生命财产和国家的经济建设造成严重损失。为了有效减小滑坡灾害对人类的影响，必须对滑坡进行深入的研究。对滑坡运动过程开展模拟分析，可以深入的了解滑坡运动特征及致灾范围等，从而为防治和规避滑坡灾害提供科学的参考依据。

　　本书首先从二维连续介质的质量和动量方程出发，推导出模拟滑坡运动的动力条分块体模型。相较传统静水侧压力理论在模型中考虑了不同运动状态下主动和被动侧压力作用，从而更符合岩土类材料运动的实际情况。应用此模型对经典解析算例进行计算，所得数值解结果与解析解吻合良好，从而验证了模型方程和数值方法的有效性和正确性。

　　其次，对滑坡运动过程的影响因素，包括床面摩擦角、黏聚力等，以及运动过程中能量的变化进行了分析讨论。应用此模型方程对三个国外滑坡工程实例和国内具有典型侵蚀作用的云南镇雄赵家沟滑坡实例进行了数值模拟反演计算。通过数值计算得到了滑坡运动过程，将计算结果与实际情况作对比，结果表明计算结果均与实际情况基本吻合，并对其中一个工程实例的能量变化过程进行了计算与分析。

　　最后，以一个矿山开采的实际工程为背景，应用本书所使用的模型方程对边坡失稳后的运动过程进行预测模拟。结果表明边坡失稳破坏后形成的滑坡运动速度很快，基本在14s便完成了主要的变形，且致灾范围达170m。预测结果可以为矿山开采工程的灾害防治工作提供参考依据。

目　　录

第1章　绪　　论

1.1　滑坡灾害概述

随着高速公路、铁路、水利、建筑、采矿工程等行业的迅速发展，随之带来了许多不可避免的滑坡问题，有些滑坡因其剧烈、迅猛及远程，往往成为灾难性滑坡，通常会掩埋村庄、摧毁厂矿、破坏铁路和公路交通、堵塞江河、损坏农田和森林等，从而给人们的生命财产安全和国家的经济建设造成无法估量的损失。截至目前，虽然已经有专家学者针对滑坡灾害开展了大量的分析研究，但滑坡问题仍然是当今国内外工程领域研究的热点和难点问题。

国内外滑坡现象十分常见（图1-1），例如国外的滑坡有：1881年瑞士阿尔卑斯山区埃姆（Elm）滑坡，体积约 $1.1 \times 10^7 \, m^3$，速度约42m/s，共运行约1500m，导致一个村庄被掩埋，造成120余人死亡。1903年加拿大亚伯达省发生巨型滑坡，体积约 $4.0 \times 10^7 \, m^3$，滑体在不到30s的时间里共运行约2500m，掩埋半个Frank镇，造成了70多人的死亡。1962年秘鲁Ancash省Ranrahirca村发生了一处体积约 $1.3 \times 10^7 \, m^3$ 的滑坡，整个Ranrahirca村被掩埋。1980年美国华盛顿圣海伦火山发生滑坡，体积约 $2.8 \times 10^9 \, m^3$，由于疏散及时只造成5～10人死亡，但却毁坏了大量的住宅、桥梁、铁路和高速公路等。2006年菲律宾莱

(*a*)　　　　　　　　　　　　　　　　(*b*)

图1-1　国外部分滑坡现场照片

(*a*) Frank滑坡；(*b*) 菲律宾莱特岛滑坡

1

特岛南莱特省一个高 450m 的陡峭岩质边坡失稳，并席卷了人口密集的 Himbun-gao 河谷。滑坡淹埋了 Guinsaugon 村，导致 1100 多人失踪，其中包括 Guinsa-ugon 学校 250 名正在上课的学生。

我国是世界上滑坡分布最广、危害最严重的国家之一，滑坡遍及全国山地丘陵地区，已知数量近百万处之多，活动面积占国土面积的 45% 左右，每年造成数千人死亡以及近百亿元的经济损失。1997 年深汕高速公路西段 K40＋350～K44＋750 边坡发生突发性大面积坍塌，坍塌体压在路面，一度中断交通，造成车翻人伤事故。为整治该病害，半幅封道达 150 多天，对交通运输的畅通与安全造成了不良影响。2009 年重庆武隆县铁矿乡鸡尾山突发山体滑坡，滑坡涉及范围极宽，几乎整个山体坠落，体积约 $7 \times 10^6 \, \mathrm{m}^3$，直接导致了 74 人死亡，8 人受伤的特大灾难。2010 年贵州关岭县岗乌镇大寨村发生山体滑坡，体积约 $2 \times 10^6 \, \mathrm{m}^3$，37 户农户被掩埋，近百余人遇难。仅 2010 年陕西省就发生两起较大的滑坡，例如 3 月 10 日凌晨，陕西榆林市子洲县发生山体滑坡，19 人遇难。10 月 21 日，陕西延长石油集团炼化公司所属的延安炼油厂区原油山山体发生大面积下陷滑塌，导致输送原油、渣油、苯、液化气、半成品汽柴油的 10 多条管线被迫中断。液化气精制装置停工，延炼、延安石油化工厂等多套装置面临全面停产的威胁。2017 年四川茂县叠溪镇新磨村发生特大滑坡，体积约 $8 \times 10^6 \, \mathrm{m}^3$，滑坡后缘高程约 3450m，前缘高程约 2250m，高差 1200m，水平距离 2800m，堆积体体积约 $1.6 \times 10^7 \, \mathrm{m}^3$，摧毁了新磨村村庄，导致 83 人死亡（图 1-2）。

(a)　　　　　　　　　　　　　　(b)

图 1-2　国内部分滑坡现场照片

(a) 武隆鸡尾山滑坡；(b) 茂县新磨滑坡

从上述国内外滑坡灾害事例可以看出，滑坡的发生对人们的生命和财产造成了巨大的危害。滑坡的运动过程极其复杂，分析研究滑坡的运动机制，归纳总结滑坡的运动规律特征，对滑坡的运动过程、致灾范围和堆积形态等进行准确地预测，对有效、合理地预防和治理滑坡灾害具有重要意义，不仅可以为下游区居民区建设、建筑场地的合理选择和规避滑坡提供科学的参考依据，还可以产生较大的经济效益和社会效益，具有广阔的推广应用前景。

1.2　国内外主要研究发展动态

1.2.1　条分法国内外主要研究发展动态

1776 年，法国工程师库仑提出了挡土墙土压力的计算方法。1857 年，朗肯假设墙后土体各点处于极限平衡状态，给出了主动和被动土压力的计算方法。库仑和朗肯计算挡土墙土压力的方法推广到边坡稳定分析领域后，形成了一个理论体系，这就是极限平衡方法。

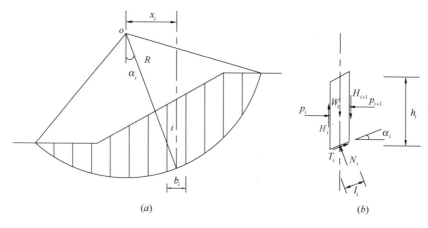

图 1-3　滑动面条分法

极限平衡法以摩尔-库仑强度准则为基础，将边坡滑动体划分为若干垂直土条，通过建立垂直土条上的作用力的平衡方程来求解相应的安全系数，一般称为条分法。满足力矩或力平衡方程的条分法为非严格条分法，同时满足力矩和力平衡方程的条分法为严格条分法。滑动面条分法示意图如图 1-3 所示。

1927 年，Fellenius 首先提出了边坡稳定分析的条分法，Feellnius 法，又称瑞典圆弧法，是条分法中最古老而又最简单的方法。这种方法假定滑动面为圆弧，不考虑条间力的作用。严格地说，对每个土条力的平衡条件是不完全满足的，对土条本身的力矩平衡也不满足，仅能满足整个滑动土体的整体力矩平衡条件。

1955 年，Bishop 对传统的瑞典圆弧法进行了改进。该法也只适用于圆弧滑动面。与瑞典圆弧法相比，它是在不考虑条块间切向力的前提下，满足力的多边形闭合条件。也就是说，隐含着条块间水平力的作用，虽然在它的计算公式中水平作用力并未出现。很多工程计算表明，该法与满足全部静力平衡条件的方法相比，结果甚为接近。简化 Bishop 法被认为是最标准的圆弧条分法，已被各国规范采纳。

在实际工程中一些边坡滑动面不是圆弧状，因此一部分学者通过将滑坡体分成若干楔块，建立力平衡方程来计算安全系数。根据条间侧向力方向的假定不同，主要有陆军工程师团法、Lowe 和 Karafiath 法、简化 Janbu 法等。

1965 年，Morgenstern 和 Price 假定土条间作用力的方向斜率为各种可能的函数，并且建立力和力矩平衡微分方程，采用 Newton-Raphson 迭代法来求解安全系数，称为 Morgenstern-Price 法。该法适用于任意形状的滑动面，满足所有的极限平衡条件，其对多余未知数的假定并不是任意的，符合岩土的力学特性，是极限平衡法理论体系中的一种严格方法。它在数值计算中具有极好的收敛特性，因此被认为是对土坡进行极限平衡分析计算的最一般的方法。

Spencer 法（1967）适用于任意形状的滑动面，假定土条间合力倾角为常数，通过不断变化倾角来满足力和力矩平衡要求，可以看作是 Morgenstern-Price 法的一个特例。

1973 年，Janbu 在其简化法的基础上，通过假定土条间侧向力的作用点位置为土条高度的 1/3，提出了同时满足力和力矩平衡的"通用条分法"，这一方法区别于其他方法的一个重要方面是通过假定土条侧向力的作用点位置而不是作用方向来求解稳定系数。该法是第一个基于任意形状滑动面且考虑滑体所有平衡条件的边坡稳定系数计算方法，因其严格简明而很快在国际岩土工程界广泛应用。

Sarma 法（1973）适用于任意形状的滑动面，对土条侧向力大小的分布函数作假定，并引入临界加速度系数，在此基础上建立力和力矩平衡来进行求解。

此外，还有国内常用的不平衡推力传递法。该法适用于任意滑动面，只通过静力平衡来求解问题，因此是一种简化法。它假定条间力合力作用方向与水平线夹角等于土条底部倾角。但是，一般来说，滑动面两端是很陡的，该法在靠近坡顶的土条假定在物理上是不合理的，而且当遇到有软弱夹层问题时，假定会导致稳定系数偏大。但该法因为计算简洁，所以还是被广大工程技术人员所采用，成为目前我国水利、交通在核算滑坡稳定时普遍使用的方法，在进行支护设计时也常用它求出土条间的作用力。

早期的极限平衡法限于手工计算，大都采用条分法作为计算方法，即将滑体划分成若干土条,通过建立作用在这些土条上的静力平衡方程来求解稳定系数。但是条分法的计算过程是繁琐的,并且人工分条对计算结果的精度也是有一定影响的。分条宽度大,则计算结果误差大;分条宽度小,计算结果误差小,但计算工作量加大。近二十多年来,随着计算机和数值分析技术的发展,人们开始研究各种极限平衡方法的数值算法,并在此基础上研究边坡稳定分析的通用极限平衡法,试图将所有的条分法纳入到统一体系中。代表性的成果有普遍极限平衡法(GLE)和陈祖煜的通用条分法。GLE 法根据静力平衡和力矩平衡分别建立了条间力的递推公式和条间力作用点位置的递推公式,结合相应的边界条件,基于Rapid Solver 法进行求解。该法仍需人工分条,求解速度与精度较低。陈祖煜的通用条分法改进了 Morgenstern-Price 法,根据微条上的力和力矩平衡,结合相应的边界条件,推导出静力微分方程的闭合解,是目前较为完备的通用条分法。但是,该法采用基于变分原理基础上的数值计算方法,一般工程技术人员难于理解,同时计算中需要用到根值附近的导数值,编写计算程序较为复杂。各种条分法的比较见表 1-1。

各种条分法的比较　　　　　　　　　　　　　　　　　　表 1-1

方法	受力平衡	条件作用力假定	滑裂面形状
瑞典法	竖向力、力矩平衡	不计条间作用力	圆弧形
简化 Bishop	竖向力、力矩平衡	不计条间剪切作用力	圆弧形
简化 Janbu	竖向力、水平力平衡	条间作用力合力方向水平	任意形状
Spencer 法	竖向力、水平力、力矩平衡	条间作用力合力方向水平	任意形状
Morgenstern-Price 法	竖向力、水平力、力矩平衡	条间合力方向为函数	任意形状
陆军工团法	竖向力、水平力平衡	条间合力方向为平均深度	任意形状
Lowe 法	竖向力、水平力平衡	条间合力方向为土条底部和顶部倾角的均值	任意形状
Sarma 法	竖向力、水平力、力矩平衡	土条侧面也达到极限平衡状态	任意形状
不平衡推力传递法	竖向力、水平力平衡	条间合力与上一土条底面平行	任意形状

1.2.2　滑坡运动过程国内外主要研究发展动态

1. 国外主要研究

国外最早期(19 世纪末~20 世纪 50 年代)的滑坡研究主要以描述野外的地

质现象为主,有些学者根据野外地质现象对滑坡的运动机理做了一些零星的推断,但是没有形成系统的理论和模型。如 Buss 和 Heim 对瑞士 Elm 滑坡运动过程的推断和堆积物特征的描述;Harrison 和 Falcon 对伊朗 Saidmarreh 滑坡进行考察后,认为滑坡在运动过程中呈现出明显的流体特征;McConnell 和 Brock 对加拿大 Frank 滑坡进行了研究,认为滑坡的运动类似于黏性流体。这一时期的研究成果主要都是初级的和定性的,为以后发展滑坡运动理论和模型奠定了基础。

早期描述滑坡运动的模型有最原始的点模型和恒定摩擦系数的刚性块体模型。这些模型都不能模拟滑坡运动过程中的内部变形。因此,模拟结果与实际情况相比偏差较大。Lang 首次建立了连续流动模型,可以模拟滑坡的运动过程中变形特征及堆积特征。从此,连续流动模型被广泛的应用,很多学者都基于连续流体模型建立了自己的数值方法。Dent 建立了类似于宾汉体模型的双线性本构模型,并编写了应用程序对滑坡运动、变形及堆积过程进行了模拟。Soussa 和 Voight 利用这一程序模拟了法国 Clapiere 滑坡,模拟结果与实际情况基本吻合。但在模拟滑坡运动过程中,本构模型和参数不能根据实际情况变化而变化。Trank 利用连续介质力学和水动力学的 N-S 方程建立了数学模型,估算了滑坡运动速度。

日本学者 Sassa 通过对土体进行受力平衡分析,推导出模型方程,再利用流体动力学方法进行滑坡运动模拟。并在前人的基础上,对由于降雨而触发的滑坡进行了进一步的研究。结果表明,滑坡在沿着滑动面运动过程中,土颗粒发生碰撞并破碎,使滑坡沿着滑动面液化,产生超孔隙水压力,最终导致了滑坡的高速性和远程性。最后又在自己早先研究成果的基础上,提出了一种完整的计算程序,该程序可以模拟由降雨和地震引发的滑坡启动过程和由于强度降低而导致的高速滑坡的运动过程,以及沿路径方向的堆积形态。

Savage 与 Hutter 提出了著名的 SH 理论,该理论可以模拟干颗粒材料滑坡的运动过程。他们认为,不同的运动条件将决定变形材料的内部应力处于不同的状态,这意味着与传统的静压分布假设不同,侧向应力会因运动条件的不同而发生改变。这个理论更符合实际滑坡的动力特征,受到了学者们的广泛关注。

Iverson 与 Denlinger 在总结了已有研究成果的基础上,提出了库伦混合流理论模型。该模型为基于深度平均理论的三维数学模型,可以考虑孔隙水压力作用下的干颗粒材料的运动。用一种能增加滑坡边缘扩散性的对流方程计算了超孔隙水压力的耗散。同时方程的数值解能预测滑坡运动过程的主要特征,包括速度、滑坡深度、宽度和最终堆积形态等。

Mangeney 提出了一种基于有限体积数值方法的动力过程模型,模型采用了静压分布、各向同性假定和由 Pouliquen 提出的底面阻力关系，模型通过了溃坝解析解和试验的验证，并用该模型模拟了地形比较简单的滑坡运动过程。

Hungr 建立了模拟滑坡运动过程的连续模型，该模型基于拉格朗日形式的运动方程，并且可在滑坡运动过程中选择不同的本构方程。通过在该模型基础上进行修正和发展，利用光滑粒子流体力学数值方法实现了对滑坡运动过程的数值模拟分析。Davis 和 Mcsaveney 在 DAN 方法的基础上，采用摩擦模型作为滑坡的本构方程，建立了模拟滑坡运动过程中能量传递模型的数值方法，并且用该方法模拟了新西兰 Falling Mountain 滑坡，结果与实际情况吻合较好，证明了能量传递模型的合理性。Stephen 分别采用摩擦模型、宾汉体模型和 Voellmy 模型三种本构方程模拟了加拿大 Mount Cayley 滑坡，结果表明 Voellmy 模型能更好的模拟滑坡的运动过程。

Crosta 使用欧拉－拉格朗日有限元程序可以模拟由不同属性材料组成的滑坡沿着各种粗糙地形的运动过程，分析了底面不同障碍物对侵蚀和沉积的影响。Sosio 通过在使用 DAN3D 程序对意大利中部阿尔卑斯山脉的 Thurwieser 滑坡进行模拟的过程中，对目前常用的两个滑坡本构模型（Frictional rheology 和 Voellmy rheology）的参数进行了校正，结果显示 Frictional rheology 模型更适合用于模拟滑坡的运动过程。

2. 国内主要研究

潘家铮在《建筑物的抗滑稳定和滑坡分析》一书中，将滑坡近似看作刚体，并将其进行均匀条分，提出了估算滑坡滑速的方法，可估算出滑坡的最大速度以及最大冲程，开启了国内学者对滑坡动力学研究的大门。

方玉树对超大型滑坡动力学问题进行了详细地论述与分析，并经过统计分析发现，总斜率与总能量的相关性极为显著。由此推断物理模拟对其远程预测失效，并推出其远程预测的总斜率包含线交汇法。

张倬元和刘汉超首次提出碎屑间相互碰撞引起的动量传递是导致碎屑流化滑坡高速远程运动的重要原因，并认为高速远程滑坡具有高速和远程特性的原因有滑体高位能、中部剪断带黏土峰残强度差值相当大以及饱水砂土液化、气垫效应和碎屑流动等。

王兰生根据滑坡发生前的长期观测资料以及滑坡后的现场调查资料，对新滩滑坡的起动、运动和制动机制作了初步分析，在此基础上计算和讨论了滑体的整体和局部稳定性，并提出了滑坡启动的平卧"支撑拱"机理。晏同珍以前期做的滑坡定量预测研究工作为基础，对滑坡空间和时间预测的某些理论问题和实际方法问题作了分析，并引用实例对某些预测方法的主要过程予以阐述。

胡广韬分析了现有剧动式高速基岩滑坡，定义了滑坡机理，并将其进行分类。系统的讨论了滑坡在启程与行程中的剧动与高速的机理。首次提出了临床弹性冲动加速效应、坡体波动振荡加速效应、临床峰残强降加速效应。后来又讨论了缓动式低速滑坡的滑移机理，认为滑体低能效应、滑体低能推力效应、滑面强度自行恢复效应和滑体自行消能效应的叠加作用是导致滑坡以低速运移的原因。

王家鼎从能量的观点出发，推导出了重力滑坡体和地震滑坡体在固定边界条件下滑动轨迹的欧拉方程。然后由变分原理求解该方程，得到滑体的运动轨迹。选用洒勒山滑坡为算例，验证了该方法的有效性。卢万年应用空气动力学中机翼理论分析高速滑坡体在空气中滑行的规律，得出考虑到空气动力效应的运动微分方程，修正了滑坡体的抛体运动方程，为分析实际问题和估计灾害程度等提出了较为准确的定量分析方法。刘忠玉基于其对高速滑坡发生机理的认识及对运动特征和堆积特征的分析，建立了预测高速远程滑坡的块体运动模型，应用该模型可以预测出滑坡的最大滑速和最大滑距。

程谦恭根据高山峡谷区大型滑坡坝的形成过程，分析了高速岩质滑坡的临床峰残强降加速机理，滑体势动转化加速机理，空气动力擎托持速机理及滑坡坝冲击夯实机理，论述了其运动学特征。刘涌江、胡厚田应用力学原理从理论上分析了大型高速滑坡岩体与阻挡山体的碰撞过程，得出了碰撞后滑坡岩体的平均运动速度和运动方向的关系式，为进一步研究滑坡的运动奠定了基础。黄润秋收集了20世纪以来发生在中国大陆的典型大型滑坡灾害实例，并重点对其中的11例进行深入的分析和讨论，这些大型滑坡涉及到不同的地质环境条件和坡体地质结构，具有不同诱发机制和触发因素。鲁晓兵根据Savage提出的滑坡运动方程，分析了滑坡沿坡面下滑过程中的运动特性，并重点探讨了床面摩擦系数、土体内摩擦角、初始运动速度和坡角等因素对滑坡运动形态的影响。

随着计算机技术的不断发展，数值模拟技术被学者们广泛应用。张龙采用三维颗粒流软件PFC3D，对重庆武隆鸡尾山滑坡进行了数值模拟，研究滑坡体在关键块体失稳后，在重力作用下沿着滑动面在视倾向滑动力主导下的运动过程。齐超通过使用滑坡动力分析软件DAN-W，建立了摩擦模型、Voellmy模型和F-V等3种不同的滑坡数值模型，对汶川地震触发的青川东河口滑坡进行了全过程的动力模拟。朱圻应用FLUENT数值模拟软件，通过用户自定义接口引入Voellmy准则定义滑坡运动阻力，对牛圈沟滑坡动力过程及其产生的超前冲击气浪进行了数值模拟。戴兴建应用DAN-3D，对易贡滑坡的运动全过程进行了数值模拟。

在各国学者们的共同努力下，仅用了几十年的时间，滑坡运动过程的分析研究得到了飞速发展。从最开始的简单模型到现在的复杂模型以及先进的数值模拟技术。然而，采用简单模型虽然可以快速得到滑坡的一些运动特征参数，却不能反映滑坡真实的运动过程；而复杂模型可以较为真实地反映滑坡运动过程，但却计算效率较低。因此，有必要发展更为快速，效率更高，且更为准确的反映滑坡运动过程的模型及数值方法，进而可以为快速准确地预测滑坡灾害提供科学依据。

1.3　主要内容

本书在综合分析国内外相关文献的基础上，比较系统的总结了条分法与滑坡运动方程及其数值模拟方法的研究现状。从二维连续介质的基本方程出发，推导方程后用其进行数值模拟，分析讨论滑坡运动过程特征，最后对实际的灾害过程进行反演计算以及对实际工程进行预测模拟。具体内容如下：

（1）从最基本的二维连续介质方程出发，应用深度平均理论对其简化，得到描述二维连续介质运动的微分方程，在滑坡条分模型上进行有效的积分，得到可以计算模拟滑坡运动的动力条分法，并通过经典解析算例对动力条分法进行验证。

（2）以数值计算模拟为主要手段，分析讨论了滑坡在运动过程中的影响因素主要包括摩擦角和黏聚力等，并对运动过程中的能量变化进行了计算模拟分析，在模拟计算中展示了滑坡运动的影响因素和能量过程。

（3）对国外三个滑坡和国内一个具有侵蚀作用的云南镇雄赵家沟滑坡进行了数值模拟反演分析，再现了滑坡灾害发生时的全过程，计算出滑坡运动的主要特征，包括滑坡最前缘瞬时速度和距离等。

（4）对实际工程研山铁矿东帮边坡失稳后形成的滑坡运动过程进行了预测模拟，预测出边坡失稳后的运动时间以及致灾范围等，为此矿山开采工程的顺利进行以及安全防护提供参考依据。

第 2 章　滑坡运动模型方程

2.1　本章引论

在工程实践中滑坡的发生与运动都存在着不同的机理，在目前的数值模拟研究中常将滑坡看作连续介质，进而应用连续介质理论推导得到了模拟滑坡运动的模型方程。本章从二维连续介质的质量方程和动量方程出发，应用深度平均理论推导得到二维滑坡运动模型方程的统一形式，并对其中的各项进行讨论。最后，推导出模拟滑坡运动的动力条分块体模型。

2.2　二维连续介质方程

2.2.1　二维连续介质质量方程

在流场中任取一个以 M 点为中心的微小正四边形，如图 2-1 所示。四边形的各边分别与直角坐标系各轴平行，其边长分别为 $\mathrm{d}x$、$\mathrm{d}y$。M 点的坐标假定为 x、y，在某一时刻 t，M 点的流速为 u，密度为 ρ。取微小时间段 $\mathrm{d}t$，由于时段微小，可认为流速没有变化。由于四边形取的非常小，各个边上流速分布可以认为是均匀的，并且四边形四个边上各点在 t 时刻的流速和密度可用泰勒级数展开，并略去高阶微量来表达。例如 1 点和 2 点的流速分别为 $u_x - \dfrac{\partial u_x}{\partial x}\dfrac{\mathrm{d}x}{2}$ 和 $u_x +$

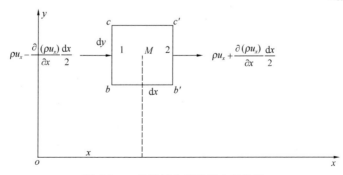

图 2-1　二维连续介质质量方程推导

$\dfrac{\partial u_x}{\partial x}\dfrac{\mathrm{d}x}{2}$。

所以，在 Δt 时间内，由 bc 线流入流体质量为 $\left[\rho u_x-\dfrac{\partial(\rho u_x)}{\partial x}\dfrac{\mathrm{d}x}{2}\right]\mathrm{d}y\mathrm{d}t$，

由 $b'c'$ 线流出流体质量为 $\left[\rho u_x+\dfrac{\partial(\rho u_x)}{\partial x}\dfrac{\mathrm{d}x}{2}\right]\mathrm{d}y\mathrm{d}t$，两者之差，即净流入量为

$-\dfrac{\partial(\rho u_x)}{\partial x}\mathrm{d}x\mathrm{d}y\mathrm{d}t$。同理可得在 y 方向上净流入量为 $-\dfrac{\partial(\rho u_y)}{\partial y}\mathrm{d}y\mathrm{d}x\mathrm{d}t$。

按照质量守恒定律，上述两个方向上净流入量之代数和必定与 $\mathrm{d}t$ 时段内微小四边形内流体质量的增量（或减小量）相等，这个增量（或减少量）显然是由于四边形内连续介质密度的加大或减小所造成的结果，即为 $\left(\dfrac{\partial\rho}{\partial t}\mathrm{d}t\right)\mathrm{d}x\mathrm{d}y$。由此可得：

$$-\left[\frac{\partial(\rho u_x)}{\partial x}+\frac{\partial(\rho u_y)}{\partial y}\right]\mathrm{d}x\mathrm{d}y\mathrm{d}t=\frac{\partial\rho}{\partial t}\mathrm{d}t\mathrm{d}x\mathrm{d}y \tag{2-1}$$

两边同除以 $\mathrm{d}x\mathrm{d}y\mathrm{d}t$ 并移项，得：

$$\frac{\partial\rho}{\partial t}+\frac{\partial(\rho u_x)}{\partial x}+\frac{\partial(\rho u_y)}{\partial y}=0 \tag{2-2}$$

这就是可压缩二维连续介质的质量方程。对于不可压缩的质量方程，ρ 为常数，上式可简化为：

$$\frac{\partial u_x}{\partial x}+\frac{\partial u_y}{\partial y}=0 \tag{2-3}$$

2.2.2　二维连续介质动量方程

在流场中任取一个以 M 点为中心的微小正四边形，如图 2-2 所示。四边形的各边分别与直角坐标系各轴平行，其边长分别为 $\mathrm{d}x$、$\mathrm{d}y$。M 点的坐标假定为 x、y，在某一时刻 t，密度为 ρ。作用于四边形上的表面力不仅有法向应力 σ，而且还有切向应力 τ。

因为是微小四边形，可以认为各应力在表面上均匀分布。当 bc 和 bb' 两条线上的法向应力分别为 σ_{xx} 和 σ_{yy} 时，与这两条线相对应 $b'c'$ 和 cc' 线上的法向应力可由泰勒级数展开并略去二阶以上无穷小量而得到，分别为 $\sigma_{xx}+\dfrac{\partial\sigma_{xx}}{\partial x}\mathrm{d}x$ 和 $\sigma_{yy}+$

$\dfrac{\partial\sigma_{yy}}{\partial y}\mathrm{d}y$。

同理，当 bc 和 bb' 两条线上的切向应力分别为 τ_{xy} 和 τ_{yx} 时，与这两条线相对

应 $b'c'$ 和 cc' 线上的切向应力分别为 $\tau_{xy} + \dfrac{\partial \tau_{xy}}{\partial x}\mathrm{d}x$ 和 $\tau_{yx} + \dfrac{\partial \tau_{yx}}{\partial y}\mathrm{d}y$。并且根据力学的基本原理有 $\tau_{xy} = \tau_{yx}$。各边上的应力分布如图 2-2 所示。

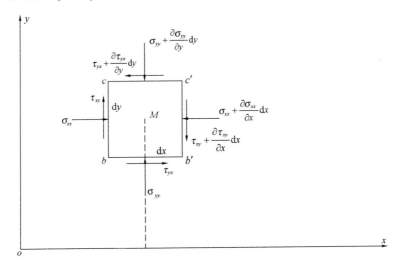

图 2-2 二维连续介质动量方程推导

设微元体在 x 和 y 轴上的运动速度分别为 u_x 和 u_y，单位质量力在 x 和 y 轴上的分量为 f_x 和 f_y，则作用于四边形上的质量力在两个坐标轴上的分量分别为 $f_x \rho \mathrm{d}x \mathrm{d}y$ 和 $f_y \rho \mathrm{d}x \mathrm{d}y$。

设四边形运动的加速度在 x 轴上的分量为 $\dfrac{\mathrm{d}u_x}{\mathrm{d}t}$，根据牛顿第二定律，在 x 轴上可得：

$$f_x \rho \mathrm{d}x \mathrm{d}y + \sigma_{xx} \mathrm{d}y - \left(\sigma_{xx} + \frac{\partial \sigma_{xx}}{\partial x}\mathrm{d}x \right)\mathrm{d}y + \tau_{yx}\mathrm{d}x - \left(\tau_{yx} + \frac{\partial \tau_{yx}}{\partial y}\mathrm{d}y \right)\mathrm{d}x = \rho \mathrm{d}x \mathrm{d}y \frac{\mathrm{d}u_x}{\mathrm{d}t}$$

$$(2\text{-}4)$$

化简整理可得：

$$f_x - \frac{1}{\rho}\left(\frac{\partial \sigma_{xx}}{\partial x} + \frac{\partial \tau_{yx}}{\partial y} \right) = \frac{\mathrm{d}u_x}{\mathrm{d}t} \qquad (2\text{-}5)$$

同理可得：

$$f_y - \frac{1}{\rho}\left(\frac{\partial \sigma_{yy}}{\partial y} + \frac{\partial \tau_{xy}}{\partial x} \right) = \frac{\mathrm{d}u_y}{\mathrm{d}t} \qquad (2\text{-}6)$$

注意到加速度项可以表示为时变加速度和位变加速度之和，以 x 轴向的加速度 $\dfrac{\mathrm{d}u_x}{\mathrm{d}t}$ 为例，可以将其表示为：

$$\frac{\mathrm{d}u_x}{\mathrm{d}t} = \frac{\partial u_x}{\partial t} + u_x \frac{\partial u_x}{\partial x} + u_y \frac{\partial u_x}{\partial y} \tag{2-7}$$

同理 y 轴上的加速度为：

$$\frac{\mathrm{d}u_y}{\mathrm{d}t} = \frac{\partial u_y}{\partial t} + u_x \frac{\partial u_y}{\partial x} + u_y \frac{\partial u_y}{\partial y} \tag{2-8}$$

由式（2-5）到式（2-8）可得：

$$\begin{cases} f_x - \dfrac{1}{\rho}\left(\dfrac{\partial \sigma_{xx}}{\partial x} + \dfrac{\partial \tau_{yx}}{\partial y} \right) = \dfrac{\partial u_x}{\partial t} + u_x \dfrac{\partial u_x}{\partial x} + u_y \dfrac{\partial u_x}{\partial y} \\ f_y - \dfrac{1}{\rho}\left(\dfrac{\partial \sigma_{yy}}{\partial y} + \dfrac{\partial \tau_{xy}}{\partial x} \right) = \dfrac{\partial u_y}{\partial t} + u_x \dfrac{\partial u_y}{\partial x} + u_y \dfrac{\partial u_y}{\partial y} \end{cases} \tag{2-9}$$

式（2-9）即是二维连续介质的动量方程。

由式（2-9）可得 x 方向的动量方程：

$$\rho\left(\frac{\partial u_x}{\partial t} + \frac{\partial (u_x^2)}{\partial x} + \frac{\partial (u_x u_y)}{\partial y} \right) = -\left(\frac{\partial \sigma_{xx}}{\partial x} + \frac{\partial \tau_{yx}}{\partial y} \right) + \rho g_x \tag{2-10}$$

假设在自由表面没有质量的交换，则在自由表面上的动力边界条件为：

$$\frac{\partial (y_b + h)}{\partial t} + u_{x(y=y_b+h)} \frac{\partial (y_b + h)}{\partial x} - u_{y(y=y_b+h)} = 0 \tag{2-11}$$

式中 h 为滑坡深度，如果在滑坡的运动过程中存在底面的侵蚀，设侵蚀速率为 E_t（在侵蚀过程中其值为正），则在底面的动力边界条件为：

$$\frac{\partial y_b}{\partial t} + u_{x(y=y_b)} \frac{\partial y_b}{\partial x} - u_{y(y=y_b)} = -E_t \tag{2-12}$$

2.3　深度平均理论

定义物理量从滑坡运动的底面到自由表面沿深度方向（y 方向）的积分值与深度的比值为该量的深度平均值，深度平均理论是简化滑坡动力方程的关键一步。

深度平均速度值定义为：

$$\bar{u}_x = \frac{1}{h} \int_{y_b}^{y_b+h} u_x \, \mathrm{d}y \tag{2-13}$$

深度平均应力值定义为：

$$\bar{p}_{ij} = \frac{1}{h} \int_{y_b}^{y_b+h} p_{ij} \, \mathrm{d}y \tag{2-14}$$

沿 y 方向从 $y=y_b$ 到 $y=y_b+h$ 积分质量方程，并将动力边界条件式(2-11)和式(2-12)带入可得：

13

$$\frac{\partial h}{\partial t} + \frac{\partial (h\bar{u}_x)}{\partial x} = E_t \tag{2-15}$$

同理，沿 y 方向从 $y = y_b$ 到 $y = y_b + h$ 积分 x 方向的动量方程式（2-10）左端，并将动力边界条件式（2-11）和式（2-12）带入可得：

$$\int_{y_b}^{y_b+h} \rho\left(\frac{\partial u_x}{\partial t} + \frac{\partial (u_x^2)}{\partial x} + \frac{\partial (u_x u_y)}{\partial y}\right)\mathrm{d}y = \rho\left(\frac{\partial (h\bar{u}_x)}{\partial t} + \frac{\partial (h\bar{u}_x^2)}{\partial x} - u_{x(y=y_b)}E_t\right)$$

$$\tag{2-16}$$

沿 y 方向从 $y = y_b$ 到 $y = y_b + h$ 积分 x 方向的动量方程式（2-10）右端，并且认为滑坡的表面为应力自由边界条件，可得：

$$\int_{y_b}^{y_b+h} \left(-\left(\frac{\partial \sigma_{xx}}{\partial x} + \frac{\partial \tau_{yx}}{\partial y}\right) + \rho g_x\right)\mathrm{d}y = -\frac{\partial (h\bar{\sigma}_{xx})}{\partial x} - \tau_{yx(y=y_b)} + \rho g_x h \tag{2-17}$$

所以，可得到深度平均的 x 方向的动量方程为：

$$\rho\left(\frac{\partial (h\bar{u}_x)}{\partial t} + \frac{\partial (h\bar{u}_x^2)}{\partial x} - u_{x(y=y_b)}E_t\right) = -\frac{\partial (h\bar{\sigma}_{xx})}{\partial x} - \tau_{yx(y=y_b)} + \rho g_x h \tag{2-18}$$

对 x 方向的动量方程式（2-18）而言，在通常情况下底面侵蚀材料表面的初始状态是静止的，从而有 $u_{x(y=y_b)} = 0$，故可得：

$$\rho\left(\frac{\partial (h\bar{u}_x)}{\partial t} + \frac{\partial (h\bar{u}_x^2)}{\partial x}\right) = -\frac{\partial (h\bar{\sigma}_{xx})}{\partial x} - \tau_{yx(y=y_b)} + \rho g_x h \tag{2-19}$$

由于 y 方向的总应力平衡了滑坡沿 y 方向的重力分量，从而有：

$$\sigma_{yy} = (y_b + h - y)\rho g_y \tag{2-20}$$

由式（2-20）可得深度平均总应力值：

$$\bar{\sigma}_{yy} = \frac{1}{h}\int_{y_b}^{y_b+h} \rho g_y(y_b + h - y)\mathrm{d}y = \frac{1}{2}\rho g_y h \tag{2-21}$$

引入侧向应力系数 $k_{a/p}$，令 $\bar{\sigma}_{xx} = k_{a/p}\bar{\sigma}_{yy}$，可得：

$$\bar{\sigma}_{xx} = k_{a/p}\frac{1}{2}\rho g_y h \tag{2-22}$$

式（2.19）中 $\tau_{yx(y=y_b)}$ 为底面剪切应力项，是动力过程中最为主要的阻力因素，因此也称其为底面剪切阻力项，由于其主要根据底面和滑坡材料的不同组成而选用，故先选用 R 来统一表示该阻力项，即令：$\tau_{yx(y=y_b)} = R$。在所选用的坐标系中，$\tau_{yx(y=y_b)}$ 总是与滑坡运动的方向相反，因此常常通过引入符号函数来表现这种关系：

$$\mathrm{sgn}(a) = \begin{cases} 1 & (a > 0) \\ 0 & (a = 0) \\ -1 & (a < 0) \end{cases} \tag{2-23}$$

最终，将式（2-22）和式（2-23）代入式（2-19），并经整理后可得：

$$\frac{\partial(h\bar{u}_x)}{\partial t} + \frac{\partial}{\partial x}\left(h\bar{u}_x^2 + \frac{1}{2}k_{a/p}g_yh^2\right) = g_xh - \mathrm{sgn}(\bar{u}_x)R/\rho \tag{2-24}$$

2.4　侵蚀速率

侵蚀是滑坡在运动过程中一种常见的重要特征，它通常会使滑坡在运动过程中体积增加，对滑坡整个运动过程产生显著影响，使其具有更大的危害性和更强的破坏力。

本书采用 Hungr 的侵蚀速率形式，其认为侵蚀速率 E_t 与侵蚀增长率 E_s 之间存在以下的关系为：

$$E_t = E_s h\bar{u}_x \tag{2-25}$$

为了得到合理的侵蚀增长率参数 E_s，通常需要根据实际的条件做反复的调整及修改。一般采用的一个有效可行的替代办法便是应用由侵蚀后的总体积和侵蚀前体积得到的平均增长率 $\bar{E}_s$，其表示如下：

$$\bar{E}_s = \frac{\ln(V_f/V_0)}{\bar{d}} \tag{2-26}$$

其中 V_0 为侵蚀前的体积，V_f 表示侵蚀前体积与侵蚀区域被侵蚀材料体积之和，为侵蚀后的体积，$\bar{d}$ 为侵蚀区域近似的平均长度。在实际的应用中，运动前缘的侵蚀更加显著，因此在运动前缘分配相对高的增长率参数将更加的合理。

2.5　侧向应力系数

假定底部应力达到状态 $(\sigma_{yy(y=y_b)}, \tau_{yx(y=y_b)})$，内摩擦角为 φ_{int}，床面摩擦角为 φ_{bed}，黏聚力为 0，则经过应力状态点 $(\sigma_{yy(y=y_b)}, \tau_{yx(y=y_b)})$ 能构造出两个与破坏包线相切的摩尔圆，它们都能够满足底部滑动和内部应力屈服的条件，如图 2-3 所示。

根据 Savege 和 Hutter 的研究，沿坡面方向的底面正应力 σ_{xx} 可能取到两个值，在较小的圆中有 $\sigma_{xx(y=y_b)} < \sigma_{yy(y=y_b)}$，而在较大的圆中有 $\sigma_{xx(y=y_b)} > \sigma_{yy(y=y_b)}$，他们分别对应了主动和被动的状态。

假设 s 和 r 分别为摩尔应力圆中心的横坐标和圆半径，则可得两者关系式：

$$\begin{cases} r = s \cdot \sin\varphi_{int} \\ \sigma_{yy(y=y_b)}^2 + (\sigma_{yy(y=y_b)} \cdot \tan\varphi_{bed})^2 = r^2 \end{cases} \tag{2-27}$$

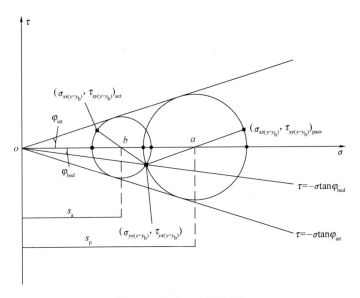

图 2-3　应力状态摩尔圆

求解式（2-27），可得：

$$\begin{cases} s = \sigma_{yy(y=y_b)}(1\pm\sqrt{1-\cos^2\varphi_{int}/\cos^2\varphi_{bed}})/\cos^2\varphi_{int} \\ r = \sigma_{yy(y=y_b)}(1\pm\sqrt{1-\cos^2\varphi_{int}/\cos^2\varphi_{bed}})\sin\varphi_{int}/\cos^2\varphi_{int} \end{cases} \tag{2-28}$$

式中"+"表示被动状态，这时运动处于聚集状态（$\partial \bar{u}_x/\partial x < 0$），而"−"表示主动状态，这时运动处于发散状态（$\partial \bar{u}_x/\partial x > 0$），由此可以得到如下所示侧向应力系数：

$$k_{act/pass} = \frac{\sigma_{xx(y=y_b)}}{\sigma_{yy(y=y_b)}} = \begin{cases} k_{act} = 2(1-\sqrt{1-\cos^2\varphi_{int}/\cos^2\varphi_{bed}})\sec^2\varphi_{int}-1, \partial u/\partial x \geqslant 0 \\ k_{pass} = 2(1+\sqrt{1-\cos^2\varphi_{int}/\cos^2\varphi_{bed}})\sec^2\varphi_{int}-1, \partial u/\partial x < 0 \end{cases} \tag{2-29}$$

2.6　动力条分法

将式（2-24）左端展开可得：

$$h\frac{\partial \bar{u}_x}{\partial t} + \bar{u}_x\frac{\partial h}{\partial t} + \bar{u}_x\frac{\partial(h\bar{u}_x)}{\partial x} + h\bar{u}_x\frac{\partial \bar{u}_x}{\partial x} + \frac{\partial}{\partial x}(\frac{1}{2}k_{a/p}g_yh^2) = g_xh - \mathrm{sgn}(\bar{u}_x)R/\rho \tag{2-30}$$

将式（2-15）代入可得：

16

$$h(\frac{\partial \bar{u}_x}{\partial t} + \bar{u}_x \frac{\partial \bar{u}_x}{\partial x}) + E_t \bar{u}_x + \frac{\partial}{\partial x}(\frac{1}{2} k_{a/p} g_y h^2) = g_x h - \text{sgn}(\bar{u}_x) R/\rho$$

$$(2\text{-}31)$$

由于 $\dfrac{\mathrm{D}\bar{u}_x}{\mathrm{D}t} = \dfrac{\partial \bar{u}_x}{\partial t} + \bar{u}_x \dfrac{\partial \bar{u}_x}{\partial x} = a_x$，故可得：

$$ha_x + E_t \bar{u}_x + \frac{\partial}{\partial x}(\frac{1}{2} k_{a/p} g_y h^2) = g_x h - \text{sgn}(\bar{u}_x) R/\rho \qquad (2\text{-}32)$$

其中 $\bar{u}_x$ 和 a_x 为沿坡面方向速度和加速度，E_t 为垂直坡面方向的侵蚀速率。将滑坡体进行条分，并选取第 i 滑块进行分析，如图 2-4 所示。

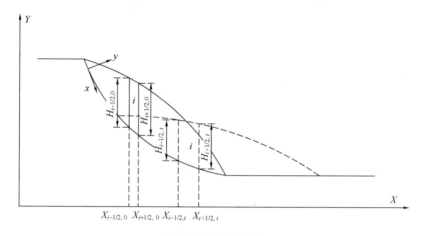

图 2-4　滑坡示意图

由于式（2-32）只有在沿坡面方向和垂直坡面方向上才成立，为应用方便，应将其向水平和竖直方向转换，将两坐标系统进行转换后，可得：

$$H\cos\theta \cdot a_x + E_t{}'\cos\theta \cdot \bar{u}_x + \frac{\partial}{\partial X\cos\theta}\Big(\frac{1}{2}k_{a/p} \cdot g\cos\theta \cdot (H\cos\theta)^2\Big)$$

$$= g\sin\theta \cdot H\cos\theta - \text{sgn}(\bar{u}_x) R/\rho$$

$$(2\text{-}33)$$

其中 θ 为坡面方向与水平方向夹角，H 为滑坡沿竖直方向深度，E_t' 为沿竖直方向的侵蚀速率，由式（2-33）可得：

$$Ha_x + E_t'\bar{u}_x + \frac{\partial}{\partial X}\Big(\frac{1}{2}k_{a/p} gH^2\Big)\cos\theta = g\sin\theta \cdot H - \frac{\text{sgn}(\bar{u}_x) R}{\rho \cdot \cos\theta} \qquad (2\text{-}34)$$

选取图 2-4 中 t 时刻的第 i 滑块，在其上对方程（2-34）进行积分得：

$$\int_{X_{i-1/2,t}}^{X_{i+1/2,t}} H a_{i,x} \mathrm{d}X + \int_{X_{i-1/2,t}}^{X_{i+1/2,t}} E'_{\mathrm{t}} \bar{u}_{i,x} \mathrm{d}X + \int_{X_{i-1/2,t}}^{X_{i+1/2,t}} \frac{\partial}{\partial X}(\frac{1}{2} k_{\mathrm{a/p},i} g H_i^2) \cos\theta_i \mathrm{d}X$$

$$= \int_{X_{i-1/2,t}}^{X_{i+1/2,t}} g \sin\theta_i \cdot H_i \mathrm{d}X - \int_{X_{i-1/2,t}}^{X_{i+1/2,t}} \frac{\mathrm{sgn}(u) R}{\rho \cdot \cos\theta_i} \mathrm{d}X$$

$$(2\text{-}35)$$

其中 θ_i 为第 i 滑块坡面方向与水平方向夹角，$X_{i-1/2,t}$ 和 $X_{i+1/2,t}$ 分别为滑块左边界和右边界横坐标。设 t 时刻第 i 滑块的宽度为 $b_{i,t}$，$b_{i,t} = X_{i+1/2,t} - X_{i-1/2,t}$，滑块中心高度为 $H_{c,i,t}$，当 $b_{i,t}$ 足够小时，由式（2-35）可得：

$$H_{c,i,t} \cdot b_{i,t} \cdot a_{i,x} + E'_{\mathrm{t}} \cdot b_{i,t} \cdot \bar{u}_{i,x}$$

$$+ \left(\frac{1}{2} k_{\mathrm{a/p},i+1/2,t} g H_{i+1/2,t}^2 - \frac{1}{2} k_{\mathrm{a/p},i-1/2,t} g H_{i-1/2,t}^2\right) \cos\theta_i$$

$$(2\text{-}36)$$

$$= g \cdot H_{c,i,t} \cdot b_{i,t} \cdot \sin\theta_i - \frac{b_{i,t} \cdot \mathrm{sgn}(u) R}{\rho \cdot \cos\theta_i}$$

设滑坡密度为 ρ，第 i 滑块质量为 m_i，将式（2-36）各项同乘以 ρ，得：

$$m_i a_{i,x} = m_i g \sin\theta_i - E'_{\mathrm{t}} \cdot b_{i,t} \cdot \rho \cdot \bar{u}_x - \frac{b_{i,t} \mathrm{sgn}(u) R}{\cos\theta_i}$$

$$+ \left(\frac{1}{2} k_{\mathrm{a/p},i-1/2,t} \rho g H_{i-1/2,t}^2 - \frac{1}{2} k_{\mathrm{a/p},i+1/2,t} \rho g H_{i+1/2,t}^2\right) \cos\theta_i$$

$$(2\text{-}37)$$

其中式（2-37）中各项物理意义如图 2-5 所示。

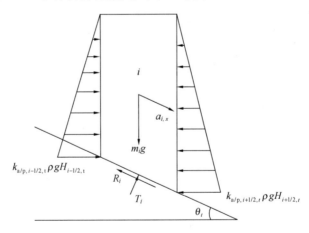

图 2-5 滑坡条块受力图

其中式（2-37）中 $\dfrac{b_{i,t} \cdot \mathrm{sgn}(u) R}{\cos\theta_i}$ 即为图 2-5 中 R_i，根据图 2-5 所示可得：

$$\begin{cases} R_i = T_i \tan\varphi_{\text{bed}} + c\,\dfrac{b_{i,t}}{\cos\theta_i} \\[2mm] T_i = m_i g\cos\theta_i + \left(\dfrac{1}{2}k_{\text{a/p},i-1/2,t}\rho g H^2_{i-1/2,t} - \dfrac{1}{2}k_{\text{a/p},i+1/2,t}\rho g H^2_{i+1/2,t}\right)\sin\theta_i \end{cases}$$

$$(2\text{-}38)$$

其中 c 为黏聚力。由式（2-37）和（2-38），即可求出 t 时刻滑块沿坡面方向的加速度 $a_{i,x}$，设时间间隔为 Δt，当 Δt 很小时，近似认为在 t 到 $t + \Delta t$ 时段内加速度 $a_{i,x}$ 不变，则滑块在 $t + \Delta t$ 时刻的速度为：

$$\bar{u}_{i,x,t+\Delta t} = \bar{u}_{i,x,t} + a_{i,x}\Delta t \qquad (2\text{-}39)$$

当 Δt 和 $b_{i,t}$ 足够小时，滑块左边缘与右边缘 $t + \Delta t$ 时刻的速度可近似假设为：

$$\begin{cases} \bar{u}_{i-1/2,t+\Delta t} = \dfrac{1}{2}(\bar{u}_{i-1,x,t+\Delta t} + \bar{u}_{i,x,t+\Delta t}) \\[2mm] \bar{u}_{i+1/2,t+\Delta t} = \dfrac{1}{2}(\bar{u}_{i,x,t+\Delta t} + \bar{u}_{i+1,x,t+\Delta t}) \end{cases} \qquad (2\text{-}40)$$

由此可得滑块左边缘与右边缘 $t + \Delta t$ 时刻的横坐标：

$$\begin{cases} X_{i-1/2,t+\Delta t} = X_{i-1/2,t} + \dfrac{1}{2}(\bar{u}_{i-1/2,t} + \bar{u}_{i-1/2,t+\Delta t})\Delta t\cos\theta_{i-1/2} \\[2mm] X_{i+1/2,t+\Delta t} = X_{i+1/2,t} + \dfrac{1}{2}(\bar{u}_{i+1/2,t} + \bar{u}_{i+1/2,t+\Delta t})\Delta t\cos\theta_{i+1/2} \end{cases} \qquad (2\text{-}41)$$

故可得滑块 $t + \Delta t$ 时刻的宽度 $b_{i,t+\Delta t} = X_{i+1/2,t+\Delta t} - X_{i-1/2,t+\Delta t}$。由于沿竖直方向上的侵蚀速率为 E'_t，故可得滑块在 $t + \Delta t$ 时刻的质量 $m'_i = m_i + E'_t \cdot b_{i,t} \cdot \rho$。于是，在 $t + \Delta t$ 时刻滑块的平均高度近似为 $H_{c,i,t+\Delta t} = \dfrac{m'_i}{\rho b_{i,t+\Delta t}}$。再由差分公式可得滑块左边缘与右边缘高度：

$$\begin{cases} H_{i-1/2,t+\Delta t} = \dfrac{1}{2}(H_{c,i-1,t+\Delta t} + H_{c,i,t+\Delta t}) \\[2mm] H_{i+1/2,t+\Delta t} = \dfrac{1}{2}(H_{c,i,t+\Delta t} + H_{c,i+1,t+\Delta t}) \end{cases} \qquad (2\text{-}42)$$

以上即为通过推导得到的滑坡运动动力条分模型计算方法。

特别的，在静力条件下 $a_x = 0$，$\bar{u}_x = 0$，且有：

$$m_i g\sin\theta_i < R_i - \left(\dfrac{1}{2}k_{\text{a/p},i-1/2,t}\rho g H^2_{i-1/2,t} - \dfrac{1}{2}k_{\text{a/p},i+1/2,t}\rho g H^2_{i+1/2,t}\right)\cos\theta_i \quad (2\text{-}43)$$

令 $F_s \cdot \Sigma(m_i g\sin\theta_i) = \Sigma\left[R_i - \left(\dfrac{1}{2}k_{\text{a/p},i-1/2,t}\rho g H^2_{i-1/2,t} - \dfrac{1}{2}k_{\text{a/p},i+1/2,t}\rho g H^2_{i+1/2,t}\right)\cos\theta_i\right]$，

则可得：

$$F_s = \Sigma \left[T_i \tan\varphi_{\text{bed}} + c\frac{b_{i,t}}{\cos\theta_i} - \left(\frac{1}{2}k_{\text{a/p},i-1/2,t}\rho g H_{i-1/2,t}^2 - \frac{1}{2}k_{\text{a/p},i+1/2,t}\rho g H_{i+1/2,t}^2 \right) \cos\theta_i \right]$$
$$/ \Sigma(m_i g \sin\theta_i)$$

$$(2\text{-}44)$$

方程（2-44）中 F_s 即为滑坡安全系数，所以由方程（2-44）可知，该式即为考虑了侧向土压力的瑞典条分法，从而验证了推导的正确性。

2.7　算例验证

为了验证所建立的模型以及数值方法的正确有效性，本书选用了典型的解析算例进行验证。目前，国内外许多学者都应用溃决解析算例来检验各自的数值计算。其中 Mangeney 等发表了溃决的解析解，算例条件为一维碎屑流在无限长斜槽上的运动，算例也考虑了碎屑运动过程中斜槽底面摩擦产生的阻力，可以给出溃决后任意时刻的流动剖面。在该溃决解析算例中，假设 $x=0\text{m}$ 处有一挡板，在斜槽上游（$x \leqslant 0\text{m}$）碎屑具有一定的初始高度，在斜槽下游（$x>0\text{m}$）无碎屑。挡板在 $t=0\text{s}$ 时刻突然抽掉，则碎屑开始溃决流动。

在第一个算例中，溃决模拟初始高度为 20m，槽底水平，底面摩擦角为零。分别选用不同长度的条块宽度 $b_{i,0}=4\text{m}$、$b_{i,0}=2\text{m}$、$b_{i,0}=1\text{m}$、$b_{i,0}=0.4\text{m}$、$b_{i,0}=0.2\text{m}$、$b_{i,0}=0.1\text{m}$、$b_{i,0}=0.05\text{m}$ 进行计算，计算得到溃决后 10s 时流动剖面的数值解，并将结果与解析解进行对比，如图 2-6 所示。

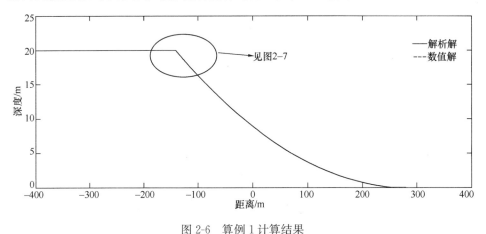

图 2-6　算例 1 计算结果

如图 2-7 所示，计算后所得到的数值解随着条块宽度的减小而逐渐接近解析

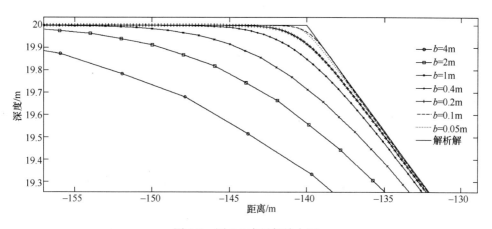

图 2-7　图 2-6 中局部放大图

解。当条块宽度达到 $b_{i,0} = 0.1$m 和 $b_{i,0} = 0.05$m 时，所得到的数值解基本一致。如图 2-6 所示，将得到的数值解与解析解进行对比，吻合良好，具有很高的分辨率。从而验证了模型方程与数值方法的正确性。

在第 2 个例子中，溃决模拟的初始高度为 10m，斜槽坡角为 $30°$，底摩擦角为 $25°$，令条块宽度 $b_{i,0} = 0.1$m，图 2-8 中给出了溃决后 10s 和 20s 时的数值解和解析解的对比图。

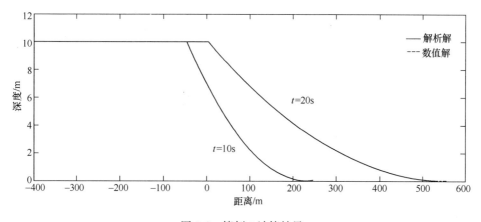

图 2-8　算例 2 计算结果

如图 2-8 所示，2 个时刻的数值解与解析解依然吻合良好，从而再一次证明了模型方程与数值方法的正确性，达到了计算模拟的要求。

2.8　本章小结

本章从二维连续介质的基本方程出发，通过应用深度平均理论对其简化，得到滑坡运动方程的一般形式，推导出模拟滑坡运动的动力条分块体模型，相较传统静水侧压力理论在模型中考虑了不同运动状态下主动和被动侧压力作用，从而更符合岩土类材料运动的实际情况。最后和经典静力条分法作对比，验证了所推导公式及模型的正确性。

应用此模型对经典溃决算例进行计算，所得数值解结果与解析解吻合很好，从而再一次验证了模型方程和数值方法的有效性和正确性。

基于动力条分法的滑坡运动过程模拟分析相较其他数值方法计算量小，可以对滑坡运动过程进行快速分析，还可以与静力条分法结合，实现对滑坡静动力全过程的计算分析，具有很大的应用价值。

第 3 章　滑坡运动的影响因素及能量过程研究

3.1　本章引论

众所周知，当滑坡发生时常会对人类造成极大的威胁和影响。为了有效地减小滑坡灾害的影响，有必要对滑坡运动过程的影响因素以及能量过程进行分析研究，从而为防治和规避滑坡灾害提供科学的参考依据。

底面摩擦角和黏聚力作为研究滑坡的重要参数，在很大程度上影响着滑坡的整个运动过程。本章将引用澳大利亚计算机应用协会（ACADS）设计的一道经典考核题，针对此考题，分别计算了四组不同参数下滑坡破坏后的运动过程，以及运动过程中的能量变化，并对结果进行了分析研究。

3.2　滑坡运动影响因素

3.2.1　计算条件

1987 年，澳大利亚计算机应用协会（ACADS）对澳大利亚所使用的边坡稳定分析程序进行一次调查。他们委托 Monash 大学的 Donald 教授和 Giam 博士主持此项工作。此次调查设计的考核题五道总计十个小题。向 120 个单位发出了邀请。有 28 个单位发回了计算答案。Donald 教授还邀请了国际上在边坡稳定分析程序方面做过较多的研究者提供"裁判程序"（Referee Program）答案。陈祖煜与加拿大 Saskatchwen 大学 Fredlund 教授和以色列工学院的 Baker 教授一起被邀请担任此项工作。本研究成果已于 1989 年 4 月 19 日在澳大利亚岩土工程协会维克多利亚分会的月会上公布，后正式发表（Donald & Giam，1992）。其中第一道考核题便是个二维均质土坡，边坡基本形状见图 3-1，材料参数见表 3-1。最危险滑动面位置及形状见图 3-2。由于这次调查工作规模较大，所获得的成果比较可靠。

由于不考虑滑坡在运动过程中的侵蚀作用，即令侵蚀速率 $E_t = 0$。在计算中，条分数的多少将会极大的影响数值计算的精度及计算结果。为此，有必要先

23

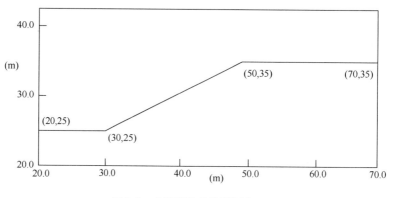

图 3-1　ACADS 考核题 EX1（a）

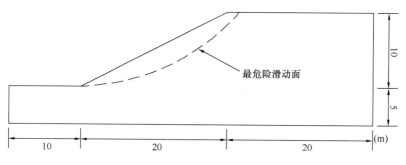

图 3-2　考核算例边坡形状及最危险滑动面位置

讨论条分数对计算结果的影响。

考核算例（均质土坡）的力学参数　　　　　　　　表 3-1

c（kPa）	φ（°）	γ（kN/m³）	E（MPa）	ν
3.0	19.6	20.0	10	0.25

　　由于滑坡破坏后，底面阻力参数会有所降低，故底面摩擦角可能会小于床面摩擦角。为讨论条分数对运动过程及计算结果的影响，结合表 3-1 所给出的部分计算参数，初步选取如下计算参数，如表 3-2 所示，并对图 3-2 中所给出的最危险滑动面进行计算。计算过程中，分别将滑坡均匀分成 50、100、200、300、400、500、600 份，时间间隔设为 0.001s，运行 10s，得到计算结果如图 3-3 所示。

考核算例计算参数　　　　　　　　表 3-2

c（kPa）	φ_{int}（°）	φ_{bed}（°）	γ（kN/m³）
3.0	19.6	15.0	20.0

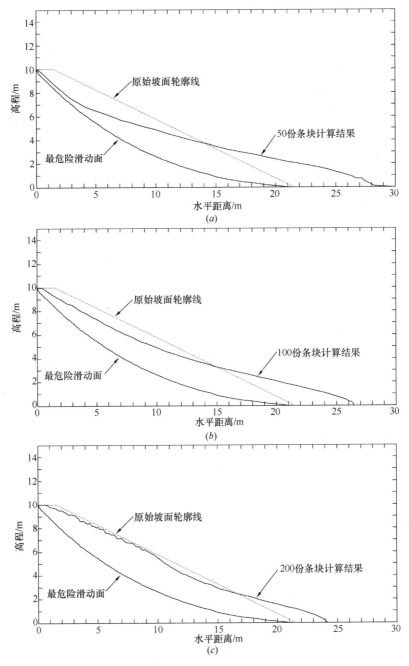

图 3-3　不同条分数 10s 计算结果（一）

(*a*) 50 份条块计算结果；(*b*) 100 份条块计算结果；(*c*) 200 份条块计算结果

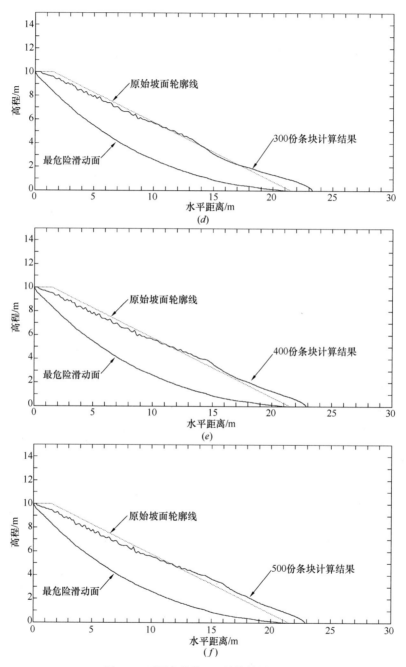

图 3-3　不同条分数 10s 计算结果（二）

（*d*）300 份条块计算结果；（*e*）400 份条块计算结果；（*f*）500 份条块计算结果

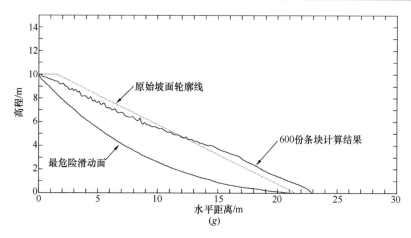

图 3-3 不同条分数 10s 计算结果（三）

（g）600 份条块计算结果

如图 3-3 所示，当条分数分别为 400、500 和 600 时，滑坡运动 10s 后的堆积形态基本一致。且在图 3-4 中，条分数 400、500 和 600 所对应的滑坡最前缘水平距离分别为 22.857m、22.854m 和 22.866m，也基本保持一致。综上所述，当条分数达到 400 以上时，可以近似认为条分数已满足收敛条件。因此，在以下有关底面阻力参数讨论的计算中，选取 500 作为条分数来进行数值计算。

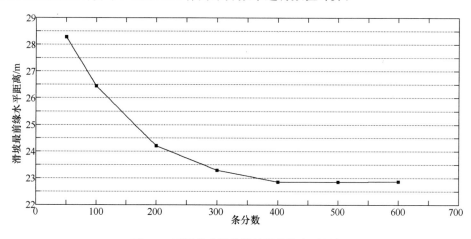

图 3-4 不同条分数的滑坡最前缘水平距离

3.2.2 底面阻力参数对运动过程的影响

底面阻力参数是影响滑坡运动过程的重要参数，为研究其对滑坡运动过程的影响，选取表 3-3 中的四组计算参数来对图 3-2 中给出的滑坡进行计算，计算结果如图 3-5。

计算参数   表 3-3

组号	c (kPa)	φ_{int} (°)	φ_{bed} (°)	γ (kN/m³)
1	3.0	19.6	15.0	20.0
2	3.0	19.6	10.0	20.0
3	1.0	19.6	15.0	20.0
4	1.0	19.6	10.0	20.0

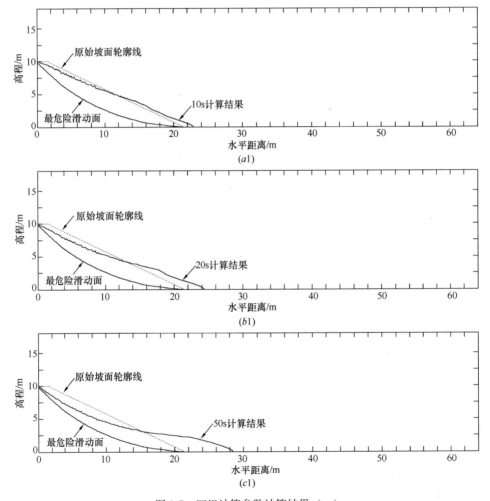

图 3-5 四组计算参数计算结果（一）

（a1）第 1 组参数 10s 计算结果；（b1）第 1 组参数 20s 计算结果；（c1）第 1 组参数 50s 计算结果

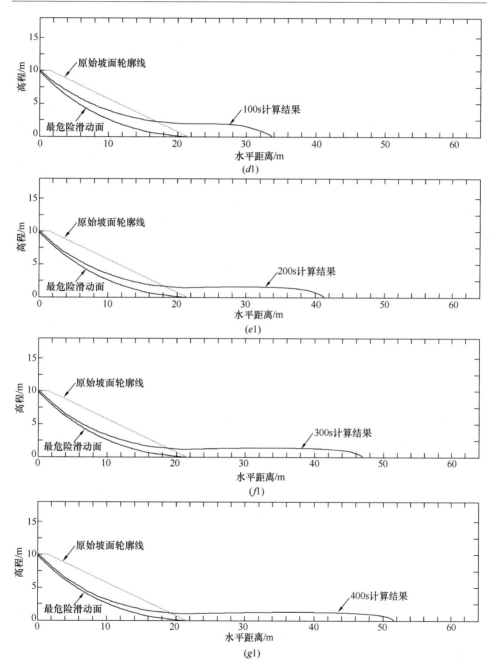

图 3-5　四组计算参数计算结果（二）

(*d*1) 第 1 组参数 100s 计算结果；(*e*1) 第 1 组参数 200s 计算结果；

(*f*1) 第 1 组参数 300s 计算结果；(*g*1) 第 1 组参数 400s 计算结果

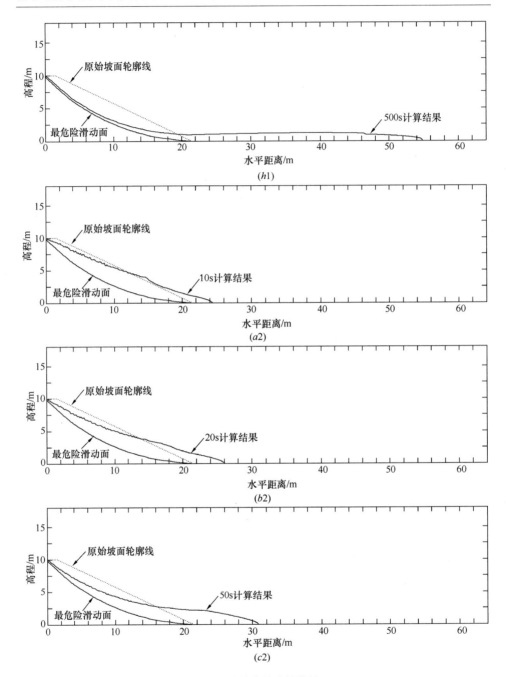

图 3-5　四组计算参数计算结果（三）

（h1）第 1 组参数 500s 计算结果；（a2）第 2 组参数 10s 计算结果；

（b2）第 2 组参数 20s 计算结果；（c2）第 2 组参数 50s 计算结果

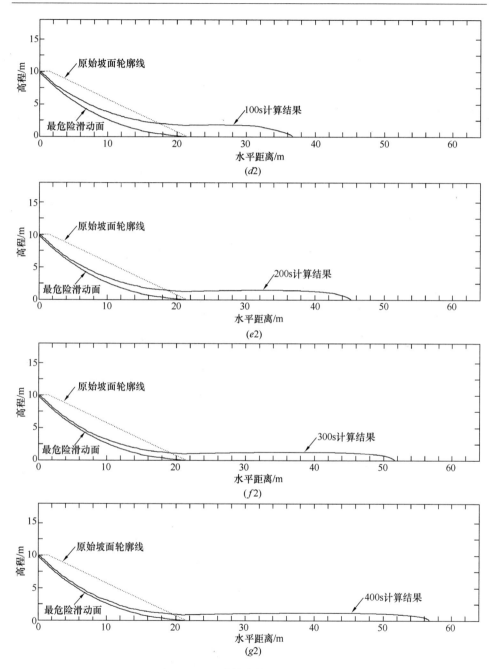

图 3-5　四组计算参数计算结果（四）

（d2）第 2 组参数 100s 计算结果；（e2）第 2 组参数 200s 计算结果；
（f2）第 2 组参数 300s 计算结果；（g2）第 2 组参数 400s 计算结果

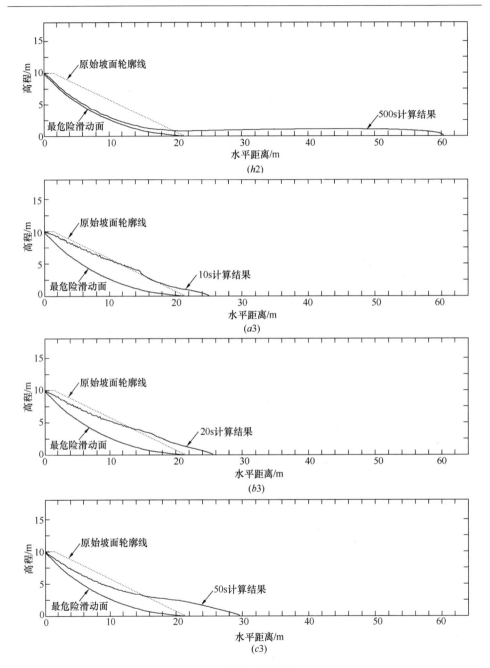

图 3-5　四组计算参数计算结果（五）

(h2) 第 2 组参数 500s 计算结果；(a3) 第 3 组参数 10s 计算结果；
(b3) 第 3 组参数 20s 计算结果；(c3) 第 3 组参数 50s 计算结果

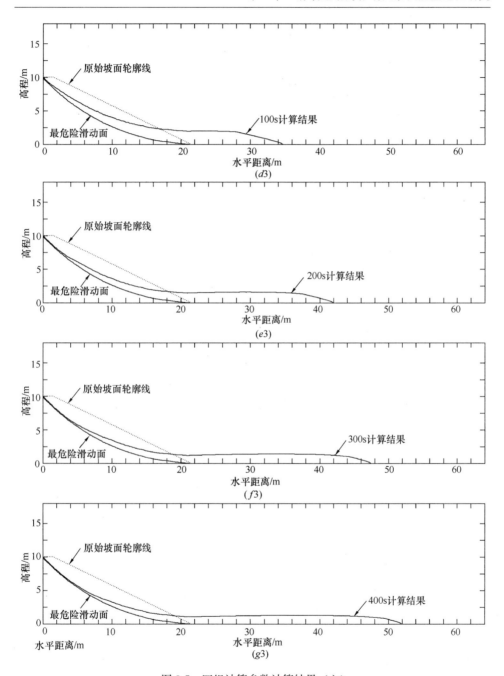

图 3-5　四组计算参数计算结果（六）

(*d*3) 第 3 组参数 100s 计算结果；(*e*3) 第 3 组参数 200s 计算结果；
(*f*3) 第 3 组参数 300s 计算结果；(*g*3) 第 3 组参数 400s 计算结果

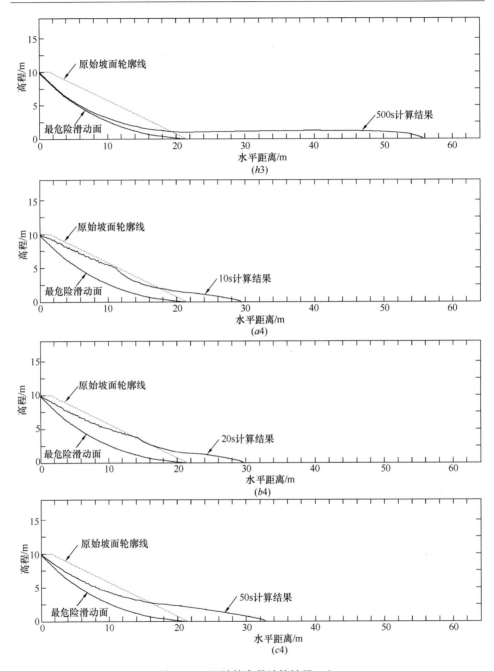

图 3-5　四组计算参数计算结果（七）

(h3) 第 3 组参数 500s 计算结果；(a4) 第 4 组参数 10s 计算结果；
(b4) 第 4 组参数 20s 计算结果；(c4) 第 4 组参数 50s 计算结果

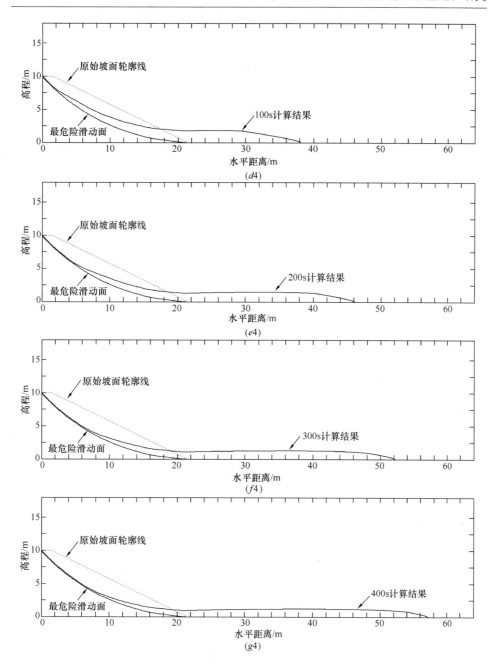

图 3-5　四组计算参数计算结果（八）

(d4) 第 4 组参数 100s 计算结果；(e4) 第 4 组参数 200s 计算结果；

(f4) 第 4 组参数 300s 计算结果；(g4) 第 4 组参数 400s 计算结果

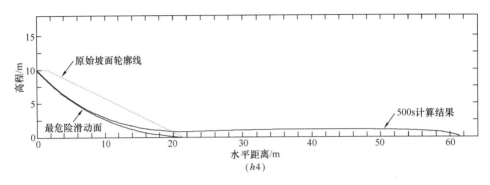

图 3-5 四组计算参数计算结果（九）

(*h*4) 第 4 组参数 500s 计算结果

如图 3-5、图 3-6 所示，将第一组参数计算结果和第三组参数计算结果分别与第二组参数计算结果与第四组参数计算结果进行比较，当摩擦角从 15°减小到 10°时，运行 500s 时滑坡最前缘水平距离分别从 54.8m 增大到 60.4m 和从 55.7m 增大到 61.4m，分别增加了 5.6m 和 5.7m。而将第一组参数计算结果和第二组参数计算结果分别与第三组参数计算结果与第四组参数计算结果进行比较，当黏聚力从 3kPa 减小到 1kPa 时，运行 500s 时滑坡最前缘水平距离分别从 54.8m 增大到 55.7m 和从 60.4m 增大到 61.4m，分别增加了 0.9m 和 1m。从而可知，在抗剪强度参数中，底面摩擦角对滑坡的运动过程及滑距影响较大，而底面黏聚力对滑坡运动过程影响较小。

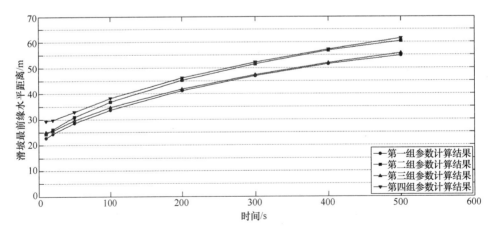

图 3-6 四组计算参数计算结果滑坡最前缘水平距离

3.3　滑坡运动过程能量研究

自然界中不同的能量形式与不同的运动形式相对应：物体运动具有机械能、分子运动具有内能、电荷的运动具有电能、原子核内部的运动具有原子能等。能量既不会凭空产生，也不会凭空消失，它只能从一种形式转化为其他形式，或者从一个物体转移到另一个物体，在转化或转移的过程中，能量的总量不变。

滑坡的运动过程便是一种将自身所具有的能量转化成其他形式能量的过程。初始状态下，滑坡自身的能量为机械能，由于处于静止状态，故只存在势能。当滑坡破坏后运动时，势能逐渐转化为动能，滑坡开始运动，同时在运动过程中，势能也随之转化为由摩擦产生的内能等其他形式的能量。

为了对滑坡运动过程中的能量变化进行分析研究，可将滑坡在运动过程中的能量表示为：

$$E_c = h_c + \frac{u_c^2}{2g} \tag{3-1}$$

其中 h_c 和 u_c 分别表示为滑坡质心的高度和速度，而能量 E_c 变化的曲线则称为能量线。

计算表 3-3 中的四组不同参数下滑坡运动过程的能量线，每组运行时间统一为 500s，所得结果如图 3-7 所示。

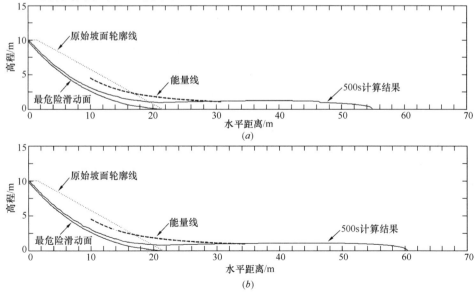

图 3-7　四组计算参数能量线计算结果（一）

（a）第一组计算参数能量线计算结果；（b）第二组计算参数能量线计算结果

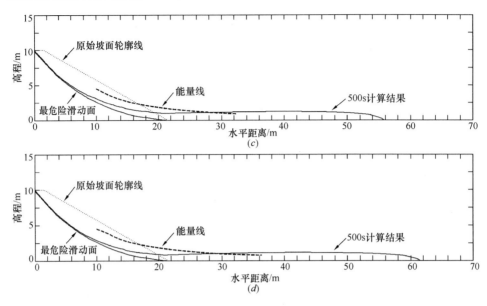

图 3-7 四组计算参数能量线计算结果（二）

（c）第三组计算参数能量线计算结果；（d）第四组计算参数能量线计算结果

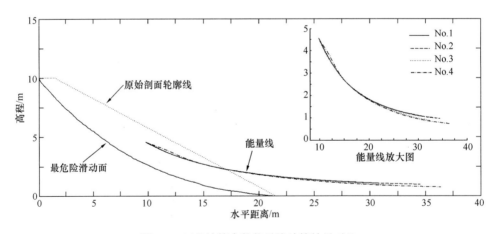

图 3-8 四组计算参数能量线计算结果对比

　　如图 3-7 所示，滑坡在运动过程中，能量逐渐减小。且在初始阶段，能量线斜率较大，运动后期，能量线斜率较小，表明初始阶段较运动后期能量减小快速。图 3-8 将四组计算参数能量线计算结果进行了对比，在黏聚力相同的情况下，床面摩擦角越小运动的水平距离越大，能量消耗的越多。而当黏聚力减小时，滑坡在运动过程中能量越容易消耗。

3.4　本章小结

本章引用了澳大利亚计算机应用协会（ACADS）设计的一道经典考核题，通过结合考核题所给的计算参数，选取了 4 组不同的计算参数来对此考核题进行计算。根据所得到的计算结果，对底面阻力参数对运动过程的影响以及运动过程中的能量变化进行了分析探讨和研究。

分析表明，滑坡在运动过程中，滑坡最前缘的水平距离会随着底面摩擦角或黏聚力的减小而增大，其中底面摩擦角对滑坡的运动过程及滑距影响较大，而底面黏聚力对滑坡运动过程影响较小。同时，滑坡的运动过程即为一种能量消耗的运动过程，在黏聚力相同的情况下，床面摩擦角越小能量消耗的越多，而当黏聚力减小时，滑坡在运动过程中能量越容易消耗。

第4章　工程实例计算与分析

4.1　本章引论

任何理论与方法研究只有被应用于实践，才能发挥指导作用，才更能具有价值与意义。工程实例的计算不仅可以对本文所用方法进行检验，同时还可以在应用的过程中发现理论与方法的不足，因此可以为进一步研究滑坡运动过程中的复杂机理提供依据，从而发展更能模拟滑坡运动过程的模型以及数值方法。

本章将选取三个国外滑坡工程实例和国内具有侵蚀作用的云南镇雄赵家沟滑坡为工程背景，根据实例中的基本情况，应用前几章所述的理论和方法对工程实例进行反演计算与分析，得到滑坡破坏后的整个运动过程，再将最终计算结果与工程实例实际情况进行对比，不仅可以为以后的工程应用提供有价值的参考依据，还可以验证本文所用方法的正确性与有效性。

4.2　沃楚西特坝滑坡运动过程模拟

4.2.1　工程概况

沃楚西特坝和水库位于美国马萨诸塞州克林顿的纳舒厄河南支，波士顿以西48km处。在精心规划好布局，并定量的对防渗墙和心墙材料进行了压实后，一座3.2km长的北围堤被建造起来。

该北堤防始建于1898年，当时只是进行了一些坑道开挖，而堤防部分的施工是在1902年开始的。核心材料是从库区调运过来砂质粉土和粉砂，其饱和重度大概在18.9~20.4kN/m³之间。并且沿大坝上游方向，以1:1的斜率倾斜，最大宽度约为30.5m。上游和下游壳体主要由含砾砂土和粉砂组成，而上游则没有采用压实的方式填筑并且材料也是非饱和的。

1907年4月11日，在水库第一次蓄水期间，沃楚西特坝在河道前部，沿着北堤长达213m的上游坡发生了滑坡，4.65×10⁴m³的滑体滑入水库，失稳破坏时，水库海拔在114m高，深度为12.8m。其最大运动水平距离达到约100m，最大垂直落差达到约 12.2m，最终堆积角度约为 5°～6°，显示出了很高的流动性。

　　根据 Olson 的现场调查和稳定性分析，得到了滑坡发生前的剖面形态和滑动后的滑动面及最终的堆积形态，如图 4-1 所示。

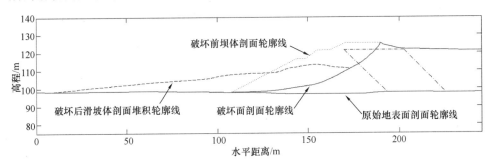

图 4-1　沃楚西特坝破坏前实测剖面图

　　由于现有的参数资料并不充分，只能参考已有的相关文献来实现滑坡整体运动过程的计算模拟。其中滑坡饱和重度大概在 18.9～20.4kN/m³ 之间，内摩擦角在 30°～35°之间。通过结合实际情况并参考相关文献，砂质粉土和粉砂的黏聚力一般为 5kPa 左右。根据以上调查得到的数据结果进行反演，得到如表 4-1 所示计算参数，反演过程从略。

沃楚西特坝滑坡计算参数反演结果表 4-1

饱和密度（kg/m³）	内摩擦角（°）	床面摩擦角（°）	黏聚力（kPa）
2000	35.0	10.0	2.5

　　表 4-1 中，黏聚力反演结果低于 5kPa，主要可能由于滑坡失稳后土体结构遭到破坏，黏聚力有所下降。同时相较合理的内摩擦角，床面摩擦角则表现得偏小，这一方面是由于床面摩擦角不但取决于土体本身的性质，还取决于床面的性质，另一方面则可能是由于滑坡破坏导致的摩擦角降低和孔隙水压力作用。如式（4.1）所示，σ 表示滑坡底面总应力，σ_w 为孔隙水压力，φ'_{bed} 为滑坡滑动底面有效床面摩擦角，φ_{bed} 为计算中表现出的表观床面摩擦角。当孔隙水压力 σ_w 不为 0 时，φ_{bed} 小于 φ'_{bed}，故反演所得的床面摩擦角偏低。

$$\begin{cases} (\sigma - \sigma_w)\tan\varphi'_{bed} = \left(\sigma - \sigma \times \dfrac{\sigma_w}{\sigma}\right)\tan\varphi'_{bed} \\[2mm] \qquad\qquad\quad = \sigma\left(1 - \dfrac{\sigma_w}{\sigma}\right)\tan\varphi'_{bed} \\[2mm] \tan\varphi_{bed} = \left(1 - \dfrac{\sigma_w}{\sigma}\right)\tan\varphi'_{bed} \end{cases} \tag{4-1}$$

特别的，在假定条块完全饱和条件下进行分析，取 $\sigma_w = \rho_w gh$，$\sigma = \rho gh$，$\rho_w = 1g/cm^3$，$\rho = 2g/cm^3$，则 $\tan\varphi_{bed} = 0.5\tan\varphi'_{bed}$，表观摩擦系数与实际摩擦系数相差近一倍，可见孔隙水压力的影响十分巨大。

4.2.2 计算结果与分析

采用表 4-1 中计算参数进行数值模拟，得到滑坡运动最终堆积形态的计算结果，如图 4-2 所示，以及滑坡破坏后运动过程的计算结果，如图 4-3 所示。

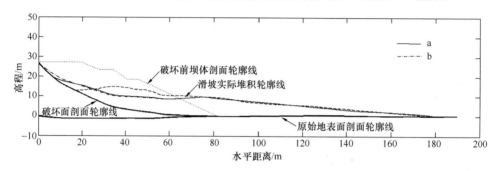

图 4-2　沃楚西特坝北堤破坏计算模拟结果

从图 4-2 所示的计算模拟结果曲线 b 与实际破坏后的实测堆积结果作对比可以发现在滑坡运动前缘模拟效果良好，但在滑坡后缘位置则差异较大，这主要可能是由于在滑坡发生时后缘产生张拉裂缝，甚至在降雨等条件下张拉裂缝中存在孔隙水压力，从而导致滑坡后缘实际的阻力参数远比计算采用的阻力参数要小。去掉水平坐标 0—20m 范围滑动面阻力参数后重新计算，得到结果曲线 a 同样绘于图 4-2 中，从结果中可以看到，在后缘可能出现的张拉裂缝及裂缝水压力等降低阻力参数等因素将对滑坡后缘堆积形态产生影响，但其对滑坡前缘的影响不大。从上述结果中可以看出虽然不能得到确切的计算参数，但反演计算的结果与实际情况基本吻合，从而说明了模拟是正确和有效的。

计算过程中将滑坡体均匀分成 500 份条块，运行时间为 100s，最终滑动距离为 98.3m，与实际滑动距离 98.7m 基本吻合。图 4-3 中列举了滑坡运动过程中几个关键时刻的计算结果。

如图 4-3 所示，在滑坡失稳后，滑坡体前缘部分首先加速，而滑坡体中部以及后部启动较慢。当滑坡运动到第 5s 时，滑坡前缘水平距离已达到 136m，5s 之内运行了 54m，平均速度达到了 10.8m/s，显示出了很高的流动性。当滑坡运动到第 10s 时，前缘水平距离为 174m，在第二个 5s 之内运行了 38m，平均速度为 7.6m/s，虽然平均速度略有减小，但流动性依然很强。而当滑坡运动到第

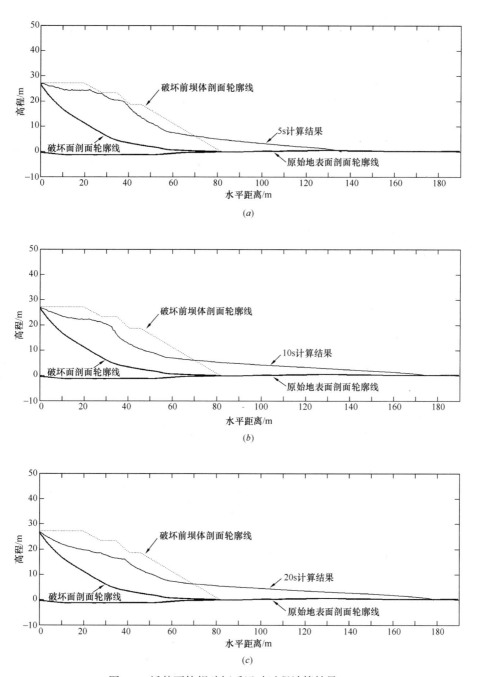

图 4-3 沃楚西特坝破坏后运动过程计算结果（一）
（*a*）5s 计算结果；（*b*）10s 计算结果；（*c*）20s 计算结果

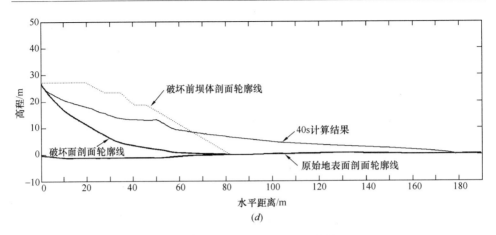

图 4-3　沃楚西特坝破坏后运动过程计算结果（二）

(d) 40s 计算结果

20s 和 40s 时，前缘水平距离分别为 178.3m 和 178.6m，与最终水平距离 179.9m 基本接近。

图 4-4 和图 4-5 中分别列举了几个特殊滑块的滑程和速度历时曲线，特殊滑块初始时刻的水平距离如表 4-2 所示。

特殊滑块初始时刻的水平距离　　　　　　　　　　　　表 4-2

滑块号	NO. 100	NO. 200	NO. 300	NO. 400	NO. 500
水平距离/m	16.23	32.5	48.8	65.1	81.3

图 4-4 中所示，NO. 300、NO. 400、NO. 500 滑块水平距离在前 12s 迅速增大，而 12s 后基本保持不变。只有滑坡后部的 NO. 100、NO. 200 滑块的水平距离保持缓慢增长。如图 4-5 中所示，滑坡前 12s 速度变化显著，滑坡前缘的最大速度达 14.2m/s，而 12s 以后滑坡整体速度基本达到 1m/s 以下，说明滑坡在前 12s 之内基本完成主要的滑动与变形，而在 12s 以后主要以慢速蠕动为主。

通过对沃楚西特坝滑坡运动过程的分析表明，滑坡体破坏后的主要滑动和变形发生在前 12s，滑坡体前缘的最大速度可达到 14.2m/s，显示出了很高的流动性。除滑坡失稳破坏造成的土体结构破坏的原因外，床面摩擦角和黏聚力的大幅下降还主要可能由孔隙水压力作用产生。同时滑坡后缘可能出现的张拉裂缝及其中水压的存在等因素将对滑坡后缘堆积形态产生影响，但对前缘的影响不大。在滑坡运动 12s 以后，滑坡体主要以中后部的慢速蠕动变形为主。

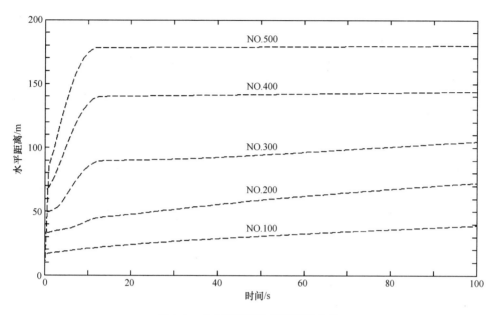

图 4-4　几个特殊滑块滑程历时曲线

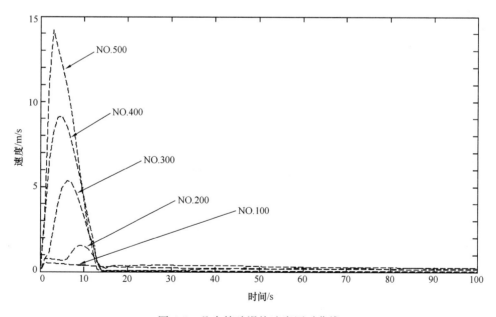

图 4-5　几个特殊滑块速度历时曲线

45

4.2.3　能量过程计算与研究

　　根据潘家铮《建筑物的抗滑稳定与滑坡分析》一书中所提到的，如果刚体沿平缓光滑的凹曲线下滑，则它在降到最低点以后还会继续向对岸爬升。但此时下滑力已为负值，加上阻力的作用，会迅速使滑体减速而静止。刚体在对岸能爬升的最大高度可以用能量原理作一估计。如图 4-6 所示，一刚体从 B 点滑落到 C 点，高程下降了 $H-h$，即势能减小了 $W(H-h)$。这一势能损失值应等于在滑动过程中阻力所做的功。如果阻力全系由摩擦力 $fW\cos\theta$ 产生，则在任一微小段内，阻力所做的功是：

$$fW\cos\theta\Delta S = fW\cos\theta\frac{\Delta L}{\cos\theta} = fW\Delta L \tag{4-2}$$

故
$$W(H-h) = \Sigma\, fW\Delta L = fWL \tag{4-3}$$

或
$$f = \frac{H-h}{L} \tag{4-4}$$

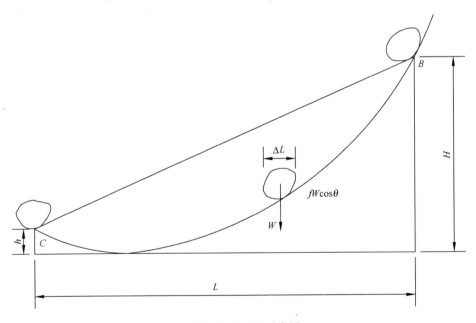

图 4-6　运动过程示意图

　　即：BC 连线的斜率大致应等于摩擦系数 f。这个公式可用来近似估计滑坡体能在对岸上升的高程和滑坡体的最大冲程。据称，对于基岩边坡上的少量滑坡，这种方法相当适用，其应用范围大约可达到数万立方米体积的滑坡。

综上所述，如果假设整个滑坡的质量全部集中于质心，并且将整个滑坡近似简化成图 4-6 所示的简单模型，则使用用来表示滑坡运动过程中能量的式（3-1）计算所得到的滑坡质心最终的运动位置，将坐落在使用以上所提到方法所计算出的直线（斜率大致应等于摩擦系数 f）上。

分别通过使用《建筑物的抗滑稳定与滑坡分析》一书中所提到的估计方法和用来表示滑坡运动过程中能量的式（3-1）进行计算，得到了沃楚西特坝滑坡最终能量线计算结果。

如图 4-7 所示，其中曲线 a 为使用用来表示滑坡运动过程中能量的方程（3-1）计算所得到的计算结果，曲线 b 为使用《建筑物的抗滑稳定与滑坡分析》一书中所提到的估计方法计算所得到的计算结果。通过将曲线 a 与曲线 b 进行对比发现，曲线 a 的端点，即使用式（3-1）计算所得到的沃楚西特坝滑坡质心的最终运动位置与曲线 b 的距离很小，可认为采用式（3-1）计算所得到的滑坡运动过程的能量线是正确有效的。但结果中仍存在一些差异，一方面图 4-6 中的模型与沃楚西特坝滑坡相比没有考虑底面黏聚力，只考虑了床面摩擦角的作用。另一方面，沃楚西特坝滑坡在运动过程中发生了较大的变形，而图 4-6 中的模型没有考虑由于变形而产生的能量。同时，在计算中可能存在的模型不完善和数值方法的不足也会对计算结果产生影响。

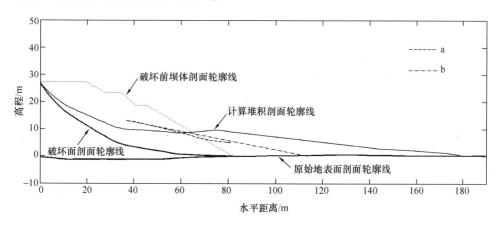

图 4-7　沃楚西特坝滑坡破坏后能量线计算结果

从图 4-7 中的曲线 a 可以看出，沃楚西特坝滑坡运动过程中的能量逐渐减小，转化为其他形式的能量。其耗散的能量主要包括由底面摩擦力产生的内能以及滑坡运动过程中由变形产生的变形能等等。并且从曲线 a 与曲线 b 的对比发现，滑坡运动过程中由底面摩擦力产生的内能是能量耗散的主要形势。

通过对沃楚西特坝滑坡运动过程中的能量变化的计算，不仅可以为其他类似滑坡的能量计算提供参考，还可以为防治滑坡灾害等提供依据。

4.3 佩克堡水坝滑坡运动过程模拟

4.3.1 工程概况

佩克堡水坝坐落在蒙大拿州东北部的密苏里河上。大坝最大的高度超过原来的河床 76.3m。大坝坝顶的长度超过 3224m，最大宽度也能达到 960m。主坝的西侧是一个 3184m 的长堤。大坝的总存水容量超过 $2.4×10^3m^3$。1934 年 10 月 13 日开始施工，到 1938 年 9 月 22 日，主坝已接近完成，最大高度约 62.8m。

就在某一天下午 1 点 15 分，大坝的上游坡面发生了滑坡破坏。大坝上长达 870m，总体积大约有 $4×10^6m^3$ 到 $8×10^6m^3$ 的滑体滑入水中。滑坡最大滑动距离大概在 365m 到 460m 之间，高度最大降低了 40m。整个破坏过程，包括心墙材料以及壳体材料的滑动，大概持续了 10min。但是，滑坡主要的滑动还是比较迅速的。滑坡发生时，附近大约有 180 人，其中 43 人被滑坡掩埋，18 人丧失生命。

大坝是由砾石，砂，粉土和泥等混合物组成，组成结构比较复杂。由于大坝是由吹填的方式修建的，所以大坝组成成分都是近似测到的。

根据 Marcuson 的现场调查和稳定性分析，得到了滑坡发生前的剖面形态和滑动后的滑动面及最终的堆积形态，如图 4-8 所示。

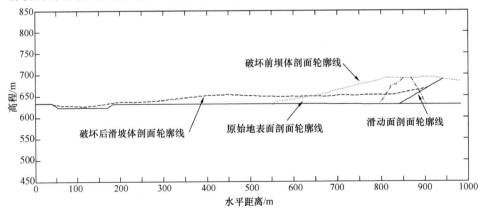

图 4-8　佩克堡水坝破坏前实测剖面图

大坝组成材料相对比较复杂，对于准确测量出大坝的计算参数是非常有难度的。大多情况采用平均值来近似代替整体材料的参数值。由于现有的参数资料并不充分，只能参考已有的相关文献来实现滑坡整体运动过程的计算模拟。根据调查数据结果进行反演，得到如表 4-3 所示计算参数。

佩克堡水坝滑坡计算参数反演结果　　　　　　　　　　　表 4-3

饱和密度（kg/m³）	内摩擦角（°）	床面摩擦角（°）	黏聚力（kPa）
2000	35.0	8.0	3.0

表 4-3 中，床面摩擦角与黏聚力反演结果比较偏小。产生此种现象的原因已经在 4-1 中进行了说明和讨论。所以，从这两个工程实例可以看出：一方面，滑坡破坏后土体结构遭到破坏可能会对滑坡的参数产生影响；而另一方面，由于孔隙水压力的存在也严重影响着滑坡的计算参数以及整个运动过程。

4.3.2　计算结果与分析

采用表 4-3 中计算参数进行数值模拟，得到滑坡运动最终堆积形态的计算结果，如图 4-9 所示，以及滑坡破坏后运动过程的计算结果，如图 4-10 所示。

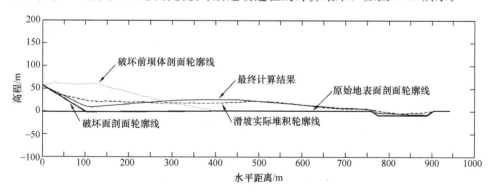

图 4-9　佩克堡水坝破坏计算模拟结果

如图 4-9 所示，将计算模拟结果与实际破坏后的实测堆积结果作对比可以发现在滑坡运动前缘模拟效果良好，然而在滑坡后缘位置则差异较大。同样这主要可能是由于在滑坡发生时后缘产生了张拉裂缝，甚至在降雨等条件下张拉裂缝中存在孔隙水压力。根据参考文献以及相关资料的描述，滑坡尾部为心墙部分，破坏机理更为复杂，所使用模型可能已不能满足模拟要求。但从上述计算结果中可以看出，虽然不能得到确切的计算参数，但反演计算的结果与实际情况基本吻合，从而再一次说明了模拟是正确和有效的。

计算过程中将滑坡体均匀分成 500 份条块，运行时间为 1000s，最终计算模拟滑动距离为 902.0m，与实际滑动距离 902.7m 基本吻合。图 4-10 中列举了滑坡运动过程中几个关键时刻的计算结果。

如图 4-10 所示，当滑坡运动到第 10s 时，滑坡最前缘水平距离已达到 484.2m，10s 之内运行了 95.6m，平均速度达到了 9.56m/s，显示出了很高的流动性。当滑坡运动到第 20s 时，前缘水平距离为 634.2m，在第二个 10s 之内运行了 150.0m，平均速度为 15.0m/s，平均速度变得更大，流动性增强。而当滑坡运动到第 50s 和 100s 时，前缘水平距离都为 901.5m，以及后面时刻所对应的水平距离，都与最终水平距离 902.0m 基本接近，并达到最终的堆积状态。

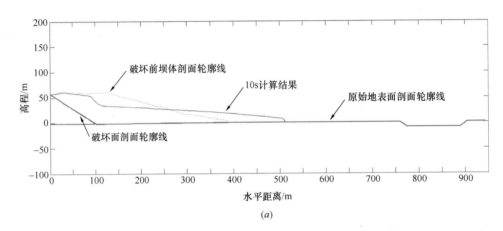

(a)

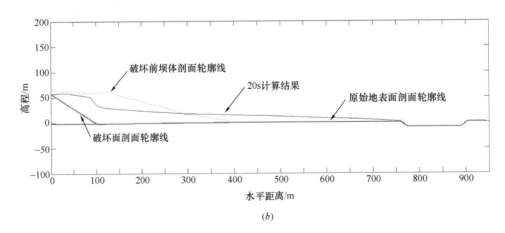

(b)

图 4-10　佩克堡水坝破坏后运动过程计算结果（一）

(a) 10s 计算结果；(b) 20s 计算结果

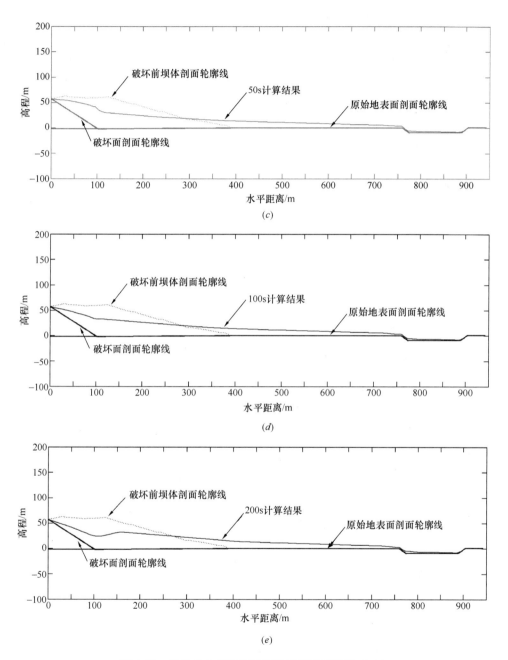

图 4-10　佩克堡水坝破坏后运动过程计算结果（二）

(c) 50s 计算结果；(d) 100s 计算结果；(e) 200s 计算结果

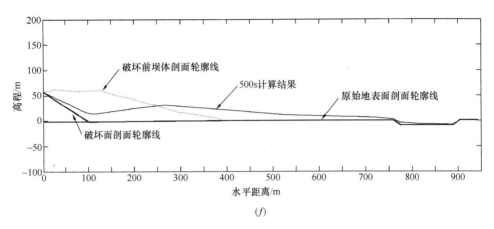

图 4-10 佩克堡水坝破坏后运动过程计算结果（三）

（ƒ）500s 计算结果

图 4-11 和图 4-12 中分别列举了几个特殊滑块的滑程和速度历时曲线，特殊滑块初始时刻的水平距离如表 4-4 所示。

特殊滑块初始时刻的水平距离　　　　　　　表 4-4

滑块号	NO. 100	NO. 200	NO. 300	NO. 400	NO. 500
水平距离/m	77.3	155.0	232.7	310.5	388.2

如图 4-11 所示，NO.200、NO.300、NO.400、NO.500 滑块水平距离在前 30s 都发生了明显的增加，并且 NO.400 和 NO.500 滑块的水平距离在 30s 后基本保持不变，而滑坡中后部的 NO.100、NO.200 和 NO.300 滑块的水平距离保持缓慢增长。如图 4-12 所示，滑坡前 33s 速度变化显著，而 33s 以后滑坡整体速度基本达到 1m/s 以下，说明滑坡在前 33s 之内基本完成主要的滑动与变形，而在 33s 以后主要以慢速蠕动为主。由于所列几个特殊滑块从 100s 到 1000s 的速度基本同 100s，并且为了使图示效果显著，故只显示了这几个特殊滑块前 100s 的速度历时曲线。

通过对佩克堡水坝滑坡运动过程的分析表明，滑坡体破坏后的主要滑动和变形发生在前 33s，显示出了非常高的流动性。造成这种现象的原因也基本类似，除滑坡失稳破坏造成的土体结构破坏的原因外，孔隙水压力的存在，以及滑坡后缘可能出现的张拉裂缝及其中水压的存在等因素将对滑坡后缘堆积形态产生影响，但对前缘的影响不大。

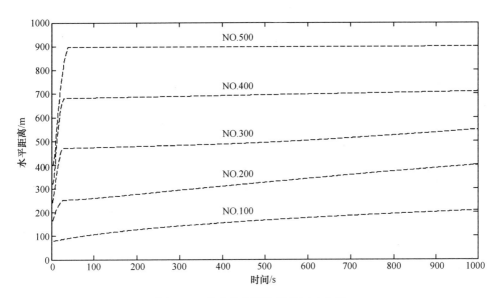

图 4-11 几个特殊滑块滑程历时曲线

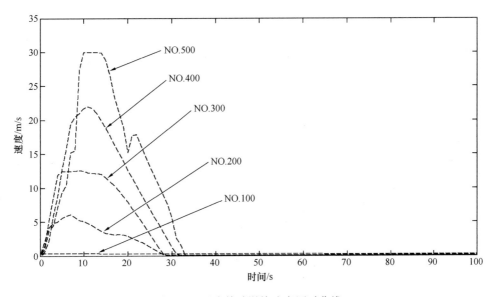

图 4-12 几个特殊滑块速度历时曲线

4.4 默塞德湖岸滑坡运动过程模拟

4.4.1 工程概况

默塞德湖位于默塞德谷，在1957年3月22日旧金山的大地震中，沿着默塞德湖湖边，许多地方的填土都发生了滑坡，其中有两处滑坡规模非常的大。这两处滑坡共波及了默塞德湖岸边长达244m，其中一处滑坡，滑体主要为填土，破坏后大概滑入湖中18m，如图4-13所示。这些填土是直接被倾倒进湖中的，因而没有得到任何的压实。堤防的斜率为1.5：1，而没倾倒填土之前天然堤防的斜率却是3：1到4：1。

据调查，滑坡破坏后没有出现滚动滑落，很有可能是天然堤防上层的沙土或是后来的沙填土的液化流动形成了最后的堆积形态。由于滑坡现场没有测量地震级数的仪器，所以滑坡现场的地震级数还不能够确定。然而，位于旧金山金门公园（距离滑坡现场11.2km）基岩上的仪器测得地面加速度峰值为0.12g，其中仅仅只有2到3个周期的加速度值大于0.1g，加速度值大于0.05g时间也仅仅只有5s。综上所述，由于默塞德湖岸边发生滑坡的现场距离震中比距离金门公园更近一些，因此现场的加速度值应该大于0.12g。

根据Mary的现场调查和稳定性分析，得到了滑坡发生前的剖面形态和滑动后的滑动面及最终的堆积形态，如图4-13所示。

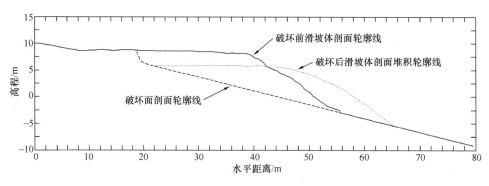

图4-13 默塞德湖岸滑坡破坏前实测剖面图

为了确定默塞德湖附近的土体条件，专家学者于1968年分别进行了两次钻孔测量。测得土体结构共大致分为三层。最低层为带有一些淤泥的细砂和砂砾构成。中间层是由夹杂着粉砂的细风成砂构成的。而最顶层为一层松填土，成分和中间层一样，并最终测得平均重度为 $19.6\mathrm{kN/m^3}$。根据已有的相关文献测得滑体的排干摩擦角为 $35°$，再根据现有的参数资料以及调查数据结果进行反演，得到如表 4-5 所示计算参数。

默塞德湖岸滑坡计算参数反演结果　　　　　　　　　　　　表 4-5

饱和密度（kg/m³）	内摩擦角（°）	床面摩擦角（°）	黏聚力（kPa）
2000	35.0	11.0	5.0

4.4.2　计算结果与分析

采用表 4-5 中计算参数进行数值模拟，得到滑坡运动最终堆积形态的计算结果，如图 4-14 所示，以及滑坡破坏后运动过程的计算结果，如图 4-15 所示。

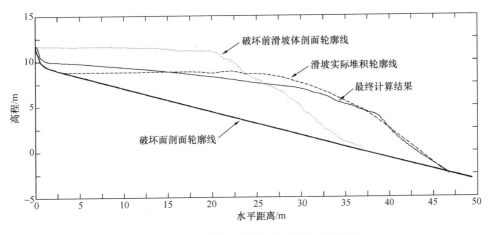

图 4-14　默塞德湖岸滑坡破坏计算模拟结果

如图 4-14 所示，将计算模拟结果与实际破坏后的实测堆积结果作对比可以发现模拟效果良好，反演计算的结果与实际情况基本吻合，从而说明了模拟是正确和有效的。触发滑坡发生破坏的机制有可能是地震作用导致了水下沙填土或是上层天然砂质土壤的液化。通常情况下，在地震触发滑坡破坏的一瞬间，抗剪强度和强度比的值不等于屈服剪切强度和屈服强度比的值。计算结果与实际情况仍存在一定的差异，这些差异一方面是由于模型简化和数值离散方法选用造成的，另一方面平面应变计算假定和关键计算参数的选取也将对滑坡运动过程的计算模拟结果产生影响。但总体上，尤其是滑坡前缘，模拟效果比较良好，可以为工程应用提供参考依据。

计算过程中将滑坡体均匀分成 500 份条块，运行时间为 19s，最终滑动到水平距离为 46.8m，与实际滑动到水平距离 46.6m 基本吻合。图 4-15 中列举了滑坡运动过程中几个关键时刻的计算结果。

如图 4-15 所示，当滑坡体运动到第 5s 时，滑坡前缘水平距离为 38.1m，5s 之内运行了 1.1m，平均速度达到了 0.22m/s，速度很慢。当滑坡运动到第 10s 时，前缘水平距离为 41.4m，在第二个 5s 之内运行了 3.3m，平均速度达到 0.66m/s，平均速度明显大增。说明滑坡在前 5s 内，最前缘基本没发生运动，主要以滑坡中前部的蠕动为主。在第二个 5s 内，当滑坡体中前部积累到一定程

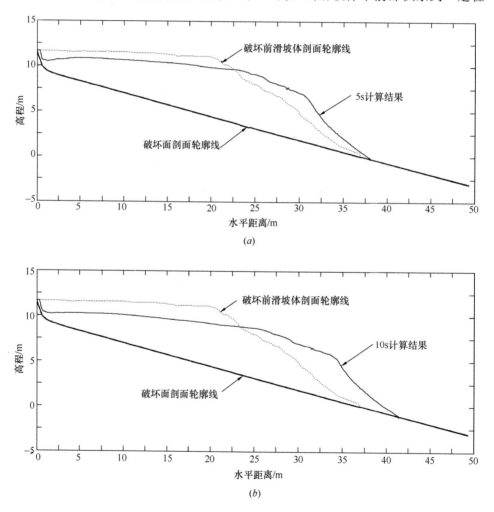

图 4-15　默塞德湖岸滑坡破坏后运动过程计算结果（一）

(a) 5s 计算结果；(b) 10s 计算结果

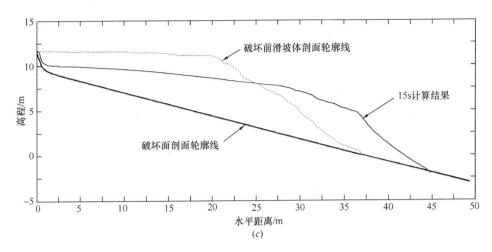

图 4-15　默塞德湖岸滑坡破坏后运动过程计算结果（二）

(c) 15s 计算结果

度时，便开始推动滑坡最前缘向前运动。当滑坡体运动到第 15s 时，滑坡最前缘水平距离为 44.8m，第三个 5s 之内运行了 3.4m，平均速度 0.68m/s，平均速度依然在增大。在最后的 4s 内，滑坡最前缘运行了 2.0m，平均速度为 0.5m/s，平均速度有所下降，最终达到结果位置。

综上所述，默塞德湖岸滑坡为中速滑坡，前期主要以滑坡体中前部蠕动为主，逐渐推动滑坡最前缘向前运动，最终完成变形。

4.5　云南镇雄赵家沟滑坡运动过程模拟

4.5.1　工程概况

2013 年 1 月 11 日上午 8 时 20 分，云南省昭通市镇雄县果珠乡高坡村赵家沟村民组发生山体滑坡。滑坡位于云南省东北部，地理坐标为北纬 27°33′5″，东经 104°59′15″。

滑坡运动过程呈现出高速远程滑动的特征，体积约为 $2.0 \times 10^5 \, \text{m}^3$ 的滑坡体向 N30°E 方向滑下约 200m，撞击冲沟右侧小山坡后偏转约 30°，转向 N60°E，高速下滑约 300m，铲动了相对宽缓的冲沟表层饱水残坡积堆积体，并且滑坡在启动时发生解体，体积明显增加。由于沟谷地形的存在，滑坡体偏转 N27°E，并在陡崖处加速运动，覆盖距离达到 300m，致使 46 人死亡，2 人受伤，掩埋房屋

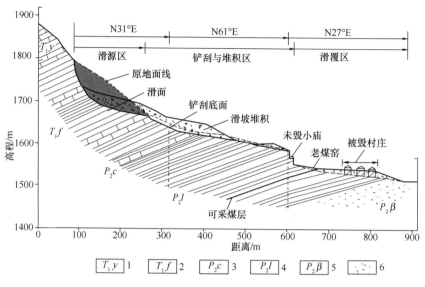

图 4-16 镇雄赵家沟滑坡剖面图

1. 三叠系永宁镇组灰岩、泥质灰岩；2. 三叠系飞仙关组粉砂岩、灰岩及页岩；3. 二叠系长兴组页岩夹灰岩及煤线；4. 二叠系龙潭组页岩、粉砂岩、煤层；5. 二叠系峨眉山玄武岩组玄武岩夹凝灰岩及砂砾岩；6. 滑坡堆积体黏土夹碎石

63 间，毁坏耕地 500 余亩。

　　整个滑坡共可分为三部分：滑坡源区、铲刮与堆积区、滑覆成灾区。根据地面调查，结合滑坡前后的高分辨率遥感影像得到镇雄赵家沟滑坡剖面图，如图4-16 所示。

　　通过对图 4-16 滑坡剖面图中的面积进行近似计算，应用式（2-25）和式（2-26）得到侵蚀速率 E_t，并根据已有的相关资料和参考文献，得到镇雄赵家沟滑坡的主要计算参数，如表 4-6 所示。

镇雄赵家沟滑坡计算参数　　　　　　　　　表 4-6

密度（kg/m³）	床面摩擦角（°）	黏聚力（kPa）	侵蚀速率（m/s）
2000	17.0	3.0	0.0017

4.5.2　计算结果与分析

　　采用表 4-6 中计算参数进行数值模拟，得到滑坡运动最终堆积形态的计算结果及滑坡运动过程中几个关键时刻的计算结果，如图 4-17、图 4-18 所示。

　　计算中将滑坡源区划分成 500 份条块，运行时间 70s。如图 4-17 所示，将计

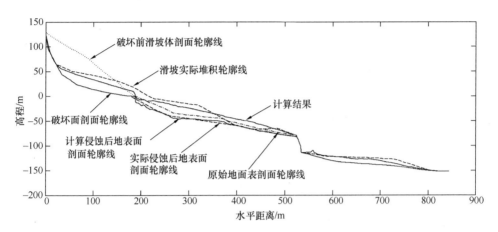

图 4-17 镇雄赵家沟滑坡破坏计算模拟结果

算模拟结果与实际破坏后的实测堆积结果作对比可以发现模拟效果良好，并且计算侵蚀地面线也与实际侵蚀后地面线基本吻合，表明计算模拟是正确有效的。但图中在水平距离 397m 到 429m 之间计算结果与实际堆积情况差异较大，主要可能是跟主断面的选取有关，或者计算参数的沿程变化等。为了深入研究讨论实际堆积结果的成因，在计算中区别于上述计算使用统一参数的方法，将水平距离 0 到 397m 的摩擦角增大至 20°，将水平距离 397m 到 429m 的摩擦角减小至 5°，得到计算结果如图 4-18 所示。

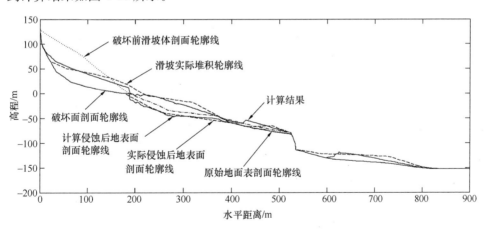

图 4-18 镇雄赵家沟滑坡破坏计算模拟结果（参数变化）

通过调节计算参数后，所得计算堆积结果比使用统一参数计算得到结果更接近实际堆积结果一些，表明实际情况中存在摩擦角沿程变化的可能。但结果依然存在差异，还有可能是因为实际地形为三维，计算选取了主断面近似简化成二维，造成了计算结果与实际情况的差异，所以有待进行对实际地形的考察，发展更能模拟滑坡运动的三维模型。

镇雄赵家沟滑坡为国内较为大型的滑坡，尤其铲刮侵蚀效果显著。虽然模拟中计算堆积结果存在差异，但计算侵蚀结果比较吻合。从断面图中可计算出单位宽度实际铲刮侵蚀量为 2210.1m^3，而使用统一参数计算得到的计算结果单位宽度铲刮侵蚀量为 2315.3m^3，与实际相差 4.7%，表明了铲刮侵蚀计算结果的有效性。

4.6 本章小结

本章对四个典型工程实例进行了计算模拟分析，通过采用反演所得到的计算参数来进行滑坡运动过程的数值模拟，模拟计算结果与实际情况吻合良好，从而说明了本书所使用方法的正确性和有效性。

沃楚西特坝滑坡和佩克堡水坝滑坡整个运动过程类似，分别在前 12s 和前 33s，滑坡最前缘水平距离便基本达到最终位置，基本完成主要变形，后期主要以中部以及中后部的蠕动变形为主。而默塞德湖岸滑坡则在运动前期滑坡最前缘平均速度很小，最前缘水平距离基本保持不变，主要以滑坡体中前部蠕动为主。当累积到一定程度时，逐渐推动滑坡最前缘向前运动，最终完成变形。云南镇雄赵家沟滑坡具有侵蚀作用，计算得到运行时间为 70s，并且计算铲刮侵蚀结果与实际情况基本接近，仅相差 4.7%，而且通过计算还可推测出滑坡沿程参数很可能是变化的。

通过数值模拟不但可以反演并再现滑坡整个运动过程，还能为滑坡灾害的预测预报提供分析和依据。在计算中模型假设和简化条件以及平面应变计算假定和关键参数选取等因素都可能成为计算与实际情况存在差异的原因，因而需要进一步研究滑坡运动过程中的复杂机理，发展更能模拟滑坡运动过程的三维模型以及数值方法。

第 5 章　研山铁矿东帮边坡失稳运动过程模拟与预测

5.1　本章引论

滑坡灾害无处不在的困扰着人类的各个方面，不只是对水坝，路堤等能产生严重影响，对于矿山来讲，危害也十分严重。相比反演计算模拟可以再现滑坡的发生过程，对实际工程的预测模拟可以预测未发生或即将发生的滑坡的运动过程以及致灾范围等，可以为有效的防治滑坡给人类带来的灾害提供参考价值。

本章以河钢滦县研山铁矿实际工程为背景，应用本书所使用的模型方程对其失稳破坏后的一些运动特征进行预测模拟，为此矿山开采工程的灾害防治工作提供参考依据。

5.2　工程概况

河钢滦县研山铁矿位于河北省滦县城南 3km，地理坐标为东经 118°45′40″，北纬 39°38′20″～39°39′42″。北距京山铁路滦县车站 8km，西距迁（迁安）曹（曹妃甸）铁路菱角山站 4km；距唐钢 55km。该铁矿共有两个采场，总矿石资源储量为 81270.59 万 t，采用露天开采的方法进行开采。

研山铁矿二期露天采场东帮临近新河、滦河，其中新河是人工开挖的输水渠道，最近处距离露天采场最终境界线 61m。根据前期勘察资料，东部第四系地层由上至下为杂填土层、粉质黏土、粉砂层、砾石层及基岩层，其中冲洪积砂、砂砾卵石层孔隙潜水含水层透水性，富水性极强，新河将作为定水水头补给水源，并以东段为涌水通道，向采场内大量涌水。针对此种涌水情况，使用帷幕来对其东部边帮进行了防治处理工程。

目前，东边帮表土层边坡之下基岩有一定量矿石，埋深浅，业主希望尽快采出，以平衡年产量。若东边帮继续采剥，随着开采深度的增加，上层第四系土层和岩层被剥离，边帮两侧水力梯度进一步加大，而细砂层和砾石层透水性和富水性极强，向采场内补给水量将进一步增大，若不及时治理，雨季到来时该区

61

40～50m厚的冲积层表土边坡在高水位强径流作用下可能诱发边坡失稳和滑坡灾害。因此，对该有可能发生的滑坡进行预测模拟是具有重要意义的。

根据地层勘察结果，得到东帮典型地层剖面图如图 5-1、图 5-2 所示。

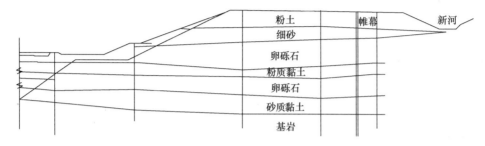

图 5-1　5 号线剖面图

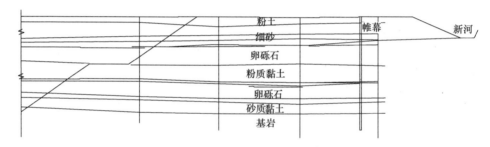

图 5-2　6 号线剖面图

研山东帮地层从上至下依次为杂填土、粉土、粉细砂、卵石、粉质黏土、细砂（局部尖灭）、卵石、砂质黏性土、砾质黏性土、基岩等地层。对粉土、粉质黏土、砂质黏性土现场取样进行了物理力学参数测试，其中砂质黏性土由于是钻孔取样，扰动大、取样相对较少。在充分对直剪、原状三轴、饱和三轴的试验数据的综合分析基础上，确定了粉土、粉质黏土、砾质黏性土的内聚力 c、摩擦角 φ，如表 5-1 所示。表 5-1 为边坡稳定性分析选用的土层力学参数，其中细砂和卵石的摩擦角选取的是其自然安息角，内聚力为经验取值。

边坡稳定性计算各土层力学参数取值　　　　　　　表 5-1

土层	容重（kN/m³）	粘聚力（kPa）	摩擦角（°）	备注
1 杂填土	17.2	3	17	
2 粉土（反复干燥饱和）	16.97	12（0.741）	10	实验取值
3 粉砂	19.5	4	23	标贯＋经验
4 粉细砂	19.8	3	25	标贯＋经验

续表

土层	容重（kN/m³）	粘聚力（kPa）	摩擦角（°）	备注
5 卵石	21	1	35	标贯+经验
6 粉质黏土	19.4	40	10	实验取值
7 中砂	19.8	3	25	标贯+经验
9 卵石	21.2	3	35	标贯+经验
10 砂质黏性土	20.28	22	20	经验
13 基岩	26.5	55	35	实验取值

应用 SLOPE/W 软件，采用 10 次反复干燥饱和的粉土参数对5-5'剖面和6-6'剖面进行稳定性计算，得到边坡安全系数分别为 1.046 和 1.058 的图 5-3 和图 5-4。

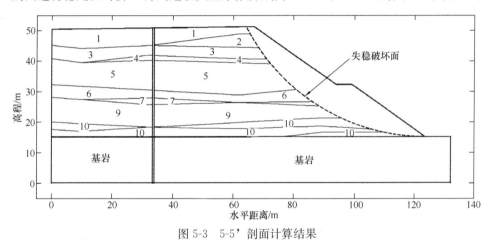

图 5-3　5-5'剖面计算结果

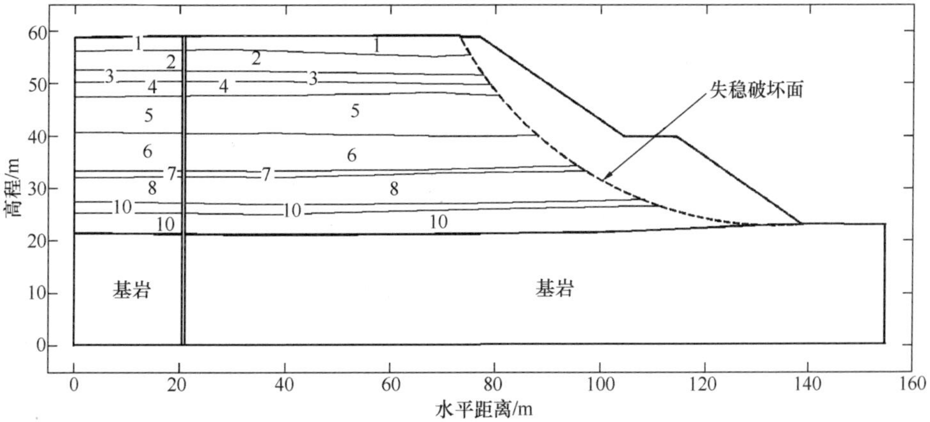

图 5-4　6-6'剖面计算结果

由于持续降雨的存在，边坡中黏性颗粒在长期浸水条件下可能会发生泥化现象，即黏性细颗粒与水融为一体，形成了具有类似黏性泥浆流体行为的特殊流体，组成了具有静剪切作用的结构性液相。一方面结构液相改变了滑动面上液相孔隙压力分布，另一方面还通过"铺床作用"显著的影响着滑坡的运动过程。同时，由"粗颗粒"所组成的结构性固相在滑坡运动过程中则仍主要受到摩擦阻力作用。因而，滑坡运动过程将主要受到结构性液相的剪切作用和结构性固相的摩擦阻力作用所控制。在分析中砂和卵石为结构性固相，而粉土和粉质黏土等则与水组成结构性液相。由项目现场所提供实验数据可知，由粉土、粉质黏土等黏性细颗粒与水混合所形成的黏性液相浆体的密度 ρ_f 一般为 1.6g/cm^3，静剪切强度为 21Pa。参照表 5-1 中数据取固相密度 ρ_s 为 2.6g/cm^3，根据所给滑坡体 5-5' 剖面和 6-6' 剖面进行面积加权计算得到固相体积浓度 C_s 分别为 0.46 和 0.45，两者相差不多，计算取 $C_s = 0.46$，可得滑坡体密度：$\rho_m = C_s \cdot \rho_s + (1 - C_s) \cdot \rho_f = 0.46 \times 2.6 + (1 - 0.46) \times 1.6 = 2.06\text{g/cm}^3$。参照表 5.1 取结构性固相摩擦角为 $35°$。根据式 4.1，并采用结构性液相密度计算液相孔隙流体压力可得表观摩擦角为 $8.9°$。显然，计算所得结果为细颗粒完全浸水泥化所得的极限情况，计算结果偏于保守。

5.3 计算结果与分析

5.3.1 5-5' 剖面计算结果与分析

采用上述计算参数进行数值模拟，得到滑坡运动最终堆积形态计算结果，如图 5-5 所示。

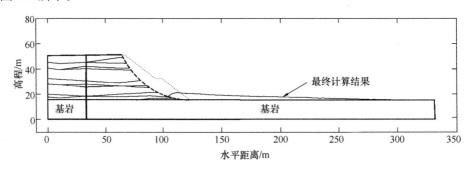

图 5-5 5-5' 剖面失稳后计算预测结果

计算过程中将滑坡体均匀分成 500 份条块, 运行时间为 14s, 最终滑动到水平距离为 280.8m。图 5-6 中列举了滑坡运动过程中几个关键时刻的计算结果。

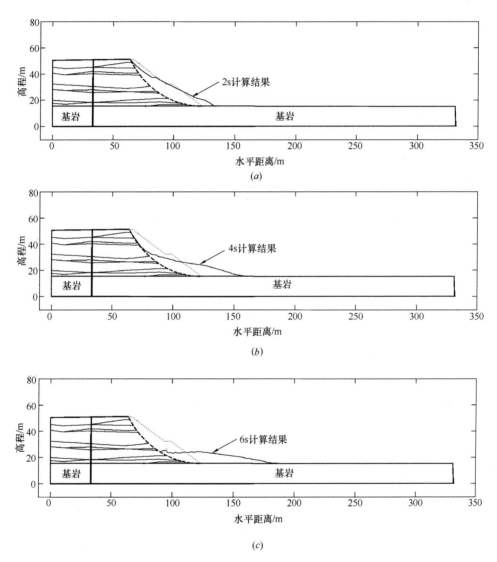

(a)

(b)

(c)

图 5-6 5-5'剖面失稳后运动过程计算预测结果 (一)

(a) 2s 计算结果; (b) 4s 计算结果; (c) 6s 计算结果

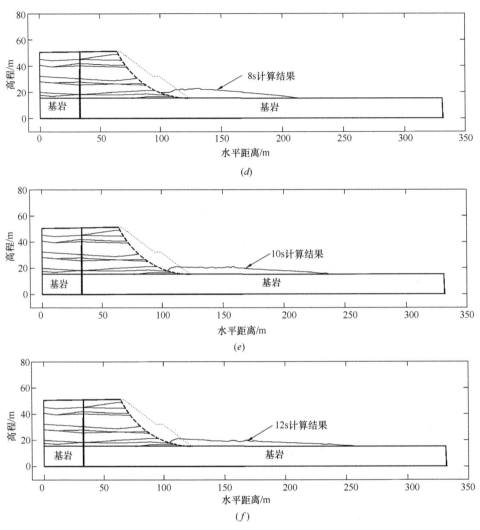

图 5-6 5-5'剖面失稳后运动过程计算预测结果（二）

(d) 8s 计算结果；(e) 10s 计算结果；(f) 12s 计算结果

图 5-7 中列举了几个特殊滑块的滑程历时曲线，其中特殊滑块初始时刻的水平距离如表 5-2 所示。

特殊滑块初始时刻的水平距离   表 5-2

滑块号	NO. 100	NO. 200	NO. 300	NO. 400
水平距离/m	76.0	87.9	99.7	111.5

如图 5-7 所示，当滑坡运动到第 2s 时，滑坡前缘水平距离已达到 133.9m，2s 之内运行了 10.5m，平均速度达到了 5.25m/s。当滑坡运动到第 4s 时，前缘水平距离为 160.4m，在第二个 2s 之内运行了 26.5m，平均速度为 13.25m/s，平均速度增大，流动性增强。而当滑坡运动到第 6s 和 8s 时，前缘水平距离分别为 190.4m 和 220.4m，在第三个 2s 和第四个 2s 之内分别运行了 30m，平均速度达到了 15.0m/s。而在第 10s 时，前缘水平距离为 261.7m，2s 之内的平均速度达到了最大为 20.7m/s。在最后第五个 2s 和第六个 2s 的平均速度分别为 6.2m/s 和 3.35m/s，平均速度开始下降，最终达到堆积位置。

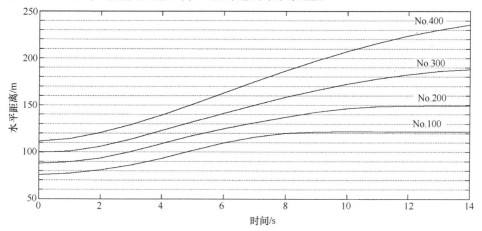

图 5-7　几个特殊滑块滑程历时曲线

5.3.2　6-6' 剖面计算结果与分析

计算过程中将滑坡体均匀分成 500 份条块，运行时间为 14s，最终滑动到水平距离为 303.7m。最终堆积形态的计算结果以及破坏后运动过程的计算结果如图 5-8、图 5-9 所示。

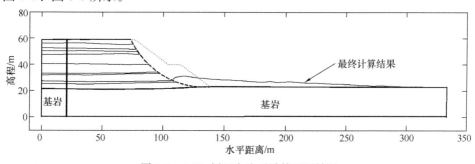

图 5-8　6-6' 剖面失稳后计算预测结果

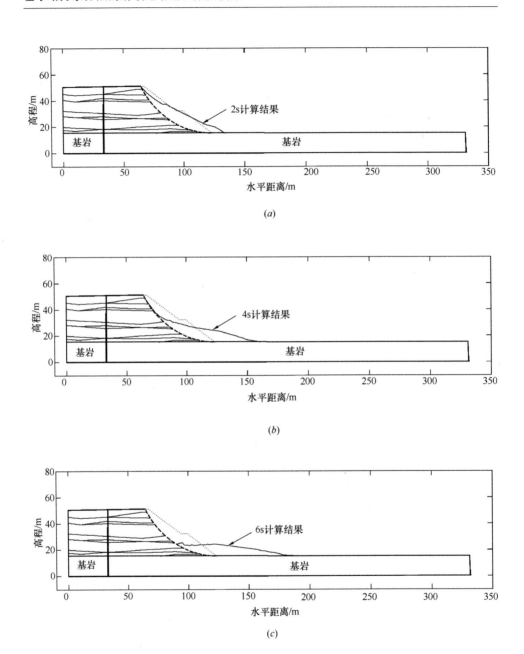

图 5-9 6-6′剖面失稳后运动过程计算预测结果（一）

(a) 2s 计算结果；(b) 4s 计算结果；(c) 6s 计算结果

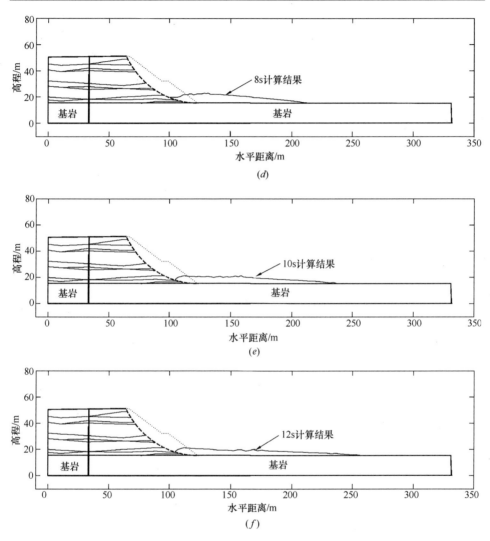

图 5-9　6-6'剖面失稳后运动过程计算预测结果（二）

（d）8s 计算结果；（e）10s 计算结果；（f）12s 计算结果

图 5-10 中列举了几个特殊滑块的滑程历时曲线，其中特殊滑块初始时刻的水平距离如表 5-3 所示。

特殊滑块初始时刻的水平距离　　　　　　　　　　　　　　　　　　表 5-3

滑块号	NO. 100	NO. 200	NO. 300	NO. 400
水平距离/m	86.2	99.3	112.4	125.5

如图 5-10 所示，当滑坡运动到第 2s 时，滑坡前缘水平距离已达到 149.3m，2s 之内运行了 10.5m，平均速度达到了 5.25m/s。当滑坡运动到第 4s 时，前缘水平距离为 177.8m，在第二个 2s 之内运行了 28.5m，平均速度为 14.25m/s，平均速度增大。而当滑坡运动到第 6s 和 8s 时，前缘水平距离分别为 211.0m 和 237.2m，在第三个 2s 和第四个 2s 之内分别运行了 33.2m 和 26.2m，平均速度分别为 16.6m/s 和 13.1m/s。而在第 10s 时，前缘水平距离为 259.5m，运行 22.3m，2s 之内的平均速度为 11.15m/s，速度开始下降。在最后第五个 2s 和第六个 2s 的平均速度依然在下降，最终达到堆积位置。

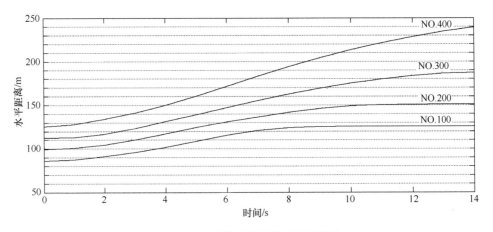

图 5-10 几个特殊滑块滑程历时曲线

5.4 本章小结

本章以河钢滦县研山铁矿东帮边坡为背景，对其 5-5' 剖面和 6-6' 剖面进行失稳后运动过程的模拟与预测。结果表明，5-5' 剖面和 6-6' 剖面失稳后运行时间均为 14s，滑坡最前缘滑动距离分别为 157.4m 和 169.1m，最大速度分别可达 15.0m/s 和 16.6m/s，显示了非常高的流动性。

流动性的大小和含水量的多少有很大的关系，因为含水量越大可能会导致摩擦角等力学参数减小，从而增大滑动距离等。所以，为了尽可能地减小滑坡灾害所带来的损失，建议合理规划距离坡脚 170m 范围之内的建筑物和设备，以及在此范围之内的工作人员应时刻保持警惕，确保灾害造成的生命财产的损失达到最小程度。

第6章 结 论

本书根据描述滑坡体运动的连续介质理论微分方程,推导出模拟滑坡运动的动力条分块体模型。应用此模型对滑坡运动过程的影响因素以及运动过程中的能量变化进行了分析讨论和研究,并对几个工程实例破坏后的运动过程进行了模拟分析,主要得到以下主要结论:

(1)应用推导出的模型方程对典型算例进行计算,计算精度和分辨率随着条块数的增多而增高,所得数值解与解析解吻合很好,从而验证了模型方程的有效性和正确性,基本满足计算模拟所需要求。

(2)滑坡在破坏后的运动过程中,底面摩擦角比黏聚力对滑坡的运动过程及滑距影响大。同时,滑坡的运动过程即为一种能量消耗的运动过程,在黏聚力相同的情况下,摩擦角越小能量消耗的越多,而当黏聚力减小时,滑坡在运动过程中能量越容易消耗。

(3)沃楚西特坝滑坡同佩克堡水坝滑坡体破坏后的运动过程类似,主要滑动和变形分别发生在前12s和前33s,显示出了很高的流动性,而以后便以滑坡体中后部的慢速蠕动变形为主。造成床面摩擦角和黏聚力的大幅下降除了滑坡失稳破坏造成的土体结构破坏的原因外,还有可能是孔隙水压力存在的原因。而默塞德湖岸滑坡为中速滑坡,前5s主要以滑坡体中前部蠕动为主,当滑坡体中前部积累到一定程度时,便开始推动滑坡最前缘向前运动。

(4)云南镇雄赵家沟滑坡具有典型的侵蚀作用,计算模拟时间为70s。通过计算模拟推测出滑坡计算参数很可能是沿程变化的。计算单位宽度铲刮侵蚀量2315.3m³与实际单位宽度铲刮侵蚀量2210.1m³比较接近,仅相差4.7%,从而验证了计算模拟尤其是对铲刮侵蚀作用模拟的有效性。

(5)河钢滦县研山铁矿东帮边坡的5-5′剖面和6-6′剖面失稳后运行时间均为14s,滑坡最前缘滑动距离分别为157.4m和169.1m,最大速度分别可达15.0m/s和16.6m/s,流动性很大。为有效降低灾害发生率或灾害破坏程度,建议在距离坡脚170m范围之内,应对一些大型建筑物进行合理的规划,以及在该范围之内的工作人员应随时提高警惕,以防造成不必要的伤害。

参 考 文 献

1. Kent P E. The transport mechanism in catastrophic rock falls[J]. The Journal of Geology, 1966, 74: 79-83.

2. McDowell B, Fletcher J E. Avalanche[J]. National Geographic Magazine, 1962, 121: 855-880.

3. Schuster R L. Engineering aspects of the 1980 Mount St. Helens Eruptions[J]. Bulletin of the Association of Engineering Geologists, 1983, 20(2): 125-143.

4. Voight B, Janda R J, Glicken H, et al. Nature and mechanisms of the Mount St. Helens rockslide avalanche of 18 May 1980[J]. Geotechnique, 1983, 33(3): 243-273.

5. Evans S G, Guthrie R H, Roberts N J, et al. The disastrous 17 February 2006 rockslide-debris avalanche on Leyte Island, Philippines: a catastrophic landslide in tropical mountain terrain [J]. Natural Hazards and Earth System Science, 2007, 7(1): 89-101.

6. 王思敬, 黄鼎成. 中国工程地质世纪成就[M]. 北京: 地质出版社, 2004, 302.

7. 姚斌. 深汕高速公路(西段)K44边坡病害整治工程中预应力锚索施工体会[J]. 重庆交通学院学报, 2003, 22: 84-85.

8. 殷跃平. 斜倾厚层山体滑坡视向滑动机制研究—以重庆武隆鸡尾山滑坡为例[J]. 岩石力学与工程学报, 2010, 29(2): 217-226.

9. 张信宝. 关于《贵州关岭"6.28"特大滑坡特征和成因机理》一文的商榷[J]. 山地学报, 2011, 29(2): 254-256.

10. 张克亮, 张亚国, 李同录. 二维滑坡滑距预测[J]. 工程地质学报, 2012, 20(3): 311-317.

11. 殷跃平, 王文沛, 张楠, 等. 强震区高位滑坡远程灾害特征研究—以四川茂县新磨滑坡为例[J]. 中国地质, 2017, 44(5): 827-841.

12. 陈祖煜. 土质边坡稳定分析—原理, 方法, 程序[M]. 北京: 水利水电出版社, 2003.

13. Fellenius W. Calculation of stability of earth dams[J]. Trans. 2nd Cong. on Large Dams, vo14, Washington D. C. , 1936, 4: 445.

14. Bishop A W. The use of the slip circle in the stability analysis of slops[J]. Geotechnique, 1955, (5): 7-17.

15. U S Army, Corps of Engineers. Stability of slopes and foundations[J]. Engineering Manual, Visckburg, Miss, 1967.

16. Lowe J III, Karafiath L. Stability of earth dams upon drawdown[C]//Proceedings of the 1st International Panamer Conference on Soll Mechanics. Mexico City2, 1960: 537-552.

17. Janbu M. Application of composite slip surfaces for stability analysis[C]//Proceedings of European Conference on Stability of Earth Slopes. Sweden, 1954, 3: 43-49.

18. Morgenstern N R, Price V E. The analysis of the stability of general slipsurfaces[J]. Geotechnique, 1965, 15(1): 79-93.

19. Spencer E. A method of analysis of the stability of embankments assuming parallel Inter-slice forces [J]. Geotechnique, 1967, 17: 11-26.

20. Sarma S K. Stability analysis of embankments and slopes [J]. Geotechnique, 1973, 23(3): 423-433.

21. 钱家欢等. 土工原理与计算[M]. 中国水利水电出版社, 1996, 5.

22. Harrison J V, Falcon N L. Gravity collapse structures and mountain ranges as exemplified in southwestern Iran[J]. Geol. Soc. London Quart. Jour. , 1936, 92: 91-102.

23. Harrison J V, Falcon N L. The saidmarreh landslip, southern Iran[J]. Jour. Geography, 1937, 89: 42-47.

24. Koerner H K. Flow mechanisms and resistances in the debris streams of rockslides[J]. International Association of Engineering Geology Bulletin, 1977, 26: 501-505.

25. Pariseau W G. A simple mechanical model for rockslides and avalanches[J]. Engineering Geology, 1980, 16: 111-123.

26. Perla R, Cheng T T, McClung D M. A two-parameter model of snow avalanche motion[J]. Journal of Glaciology, 1980, 26: 197-207.

27. Hungr O, Morgan G C, Kellerhals R. Quantitative analysis of debris torrent hazards for design of remedial measures[J]. Canadian Geotechnical Journal, 1986, 21: 663-677.

28. Hutchinson J N. A sliding-consolidation model for flow slides[J]. Canadian Geotechnical Journal, 1986, 23: 115-126.

29. Lang T E, Dawson K L, Martinelli M. Application of numeriacal transient fluid dynamics to snow avalanche flow, part I, development of computer program AVALNCH[J]. Journal of Glaciology, 1979, 22: 107-115.

30. Dent J. Abiviscous modified Bingham model of snow avalanche motion[D]. Montana State University: Bozeman, 1983.

31. Soussa J, Voight B. Continuum simulation of flow failures[J]. Geotechnique, 1991, 41: 515-538.

32. Trank F J. Computer modeling of large rock slides[J]. Journal of Geotechnical Engineering, 1986, 112(3): 348-360.

33. Sassa K. Prediction of earthquake induced landslides[C]//Proceedings of the 7th International Symposium on Landslide. Rotterdam, 1996, 115-132.

34. Sassa K, Nagai O, Solidum R, at el. An integrated model simulating the initiation and motion of earthquake and rain induced rapid landslides and its application to the 2006 Leyte landslide[J]. Landslides, 2010, 7(3): 219-236.

35. Savage S B, Hutter K. The motion of a finite mass of granular material down a rough incline

[J]. Journal of Fluid Mechanics, 1989, 199: 177-215.

36. Iverson R M, Denlinger R P. Flow of variably fluidized granular masses across three-dimensional terrain: 1 Coulomb mixture theory[J]. Journal of Geophysical Research, 2001, 106 (B1): 537-552.

37. Denlinger R P, Iverson R M. Flow of variably fluidized granular masses across three-dimensional terrain: 2 Numerical predictions and experimental tests[J]. Journal of Geophysical Research, 2001, 106(B1): 553-566.

38. Mangeney-Castelnau A, Vilotte J P, Bristeau O, et al. Numerical modeling of avalanches based on Saint Venant equations using a kinetic scheme[J]. Journal of Geophysical Research, 2003, 108(B11): 2527.

39. Hungr O. A model for the runout analysis of rapid flow slides, debris flows, and avalanches [J]. Canadian Geotechenical Journal, 1995, 32: 610-625.

40. MDougall S, Hungr O. A model for the analysis of rapid landslide motion across three-dimentional terrain[J]. Canadian Geotechenical Journal, 2004, 41(6): 1084-1097.

41. Davies T R, Mcsaveney M J. Dynamic simulation of the motion of fragmenting rock avalanches[J]. Can. Geothch. J. , 2002, 39: 789-798.

42. Stephen G E, Hungr O, John J C. Dynamics of the 1984 rock avalanche and associated distal debris flow on Mount Cayley, British Columbia, Canada: implication for landslide hazard assessment on dissected volcanoes[J]. Engineering Geology, 2001, 61: 29-51.

43. Crosta G B, Imposimato D, Roddeman D. Numerical modelling of entrainment/deposition in rock and debris-avalanches[J]. Engineering Geology, 2009, 109: 135-145.

44. Sosio R, Crosta G B, Hungr O. Complete dynamic modeling calibration for the Thurwieser rock avalanche(Italian Central Alps)[J]. Engineering Geology, 2008, 100: 11-26.

45. 潘家铮. 建筑物的抗滑稳定和滑坡分析[M]. 北京: 水利出版社, 1980, 120-132.

46. 方玉树. 超大型滑坡动力学问题研究[J]. 水文地质工程地质, 1988, (6): 20-24.

47. 成都地质学院工程地质研究室. 龙羊峡水电站重大工程地质问题研究[M]. 成都: 成都科技大学出版社, 1989, 52-116.

48. 王兰生, 詹铮, 苏道刚, 等. 新滩滑坡发育特征和起动、滑动及制动机制的初步研究[A]. 见: 中国典型滑坡[C]. 北京: 科学出版社, 1988, 211-217.

49. 晏同珍, 殷坤龙, 伍法权, 等. 滑坡定量预测研究的进展[J]. 水文地质与工程地质, 1988, 6: 8-14.

50. 胡广韬. 灾害性滑坡启程剧动与行程高速的机理[J]. 灾害学, 1987, 1: 17-28.

51. 胡广韬. 缓动式低速滑坡的滑移机理[J]. 陕西水力发电, 1991, 3: 13-20.

52. 王家鼎, 黄海国, 阮爱国. 滑坡体滑动轨迹的研究[J]. 地质灾害与防治, 1991, 2(2): 1-10.

53. 卢万年. 用空气动力学分析坡体高速滑坡的滑行问题[J]. 西安地质学院学报, 1991, 13

(4)：77-85.

54. 刘忠玉，马崇武，苗天德，等. 高速滑坡远程预测的块体模型[J]. 岩石力学与工程学报，2000，19(6)：742-746.

55. 程谦恭，胡厚田. 剧冲式高速滑坡全程动力学机理分析[J]. 水文地质工程地质，1999，(4)：19-23.

56. 刘涌江，胡厚田，赵晓彦. 高速滑坡岩体碰撞效应的试验研究[J]. 岩土力学，2004，25(2)：256-259.

57. 黄润秋. 20世纪以来中国的大型滑坡及其发生机制[J]. 岩石力学与工程学报，2007，26(3)：433-454.

58. 鲁晓兵，张旭辉，崔鹏. 碎屑流沿坡面运动的数值模拟[J]. 岩土力学，2009，30(s2)：524-527.

59. 张龙，唐辉明，熊承仁，等. 鸡尾山高速远程滑坡运动过程PFC3D模拟[J]. 岩石力学与工程学报，2012，31(s1)：2601-2611.

60. 齐超，邢爱国，殷跃平，等. 东河口高速远程滑坡—碎屑流全程动力特性模拟[J]. 工程地质学报，2012，20(3)：334-339.

61. 朱圻，程谦恭，王玉峰，等. 高速远程滑坡超前冲击气浪三维动力学分析[J]. 岩土力学，2014，35(10)：2909-2926.

62. 戴兴建，殷跃平，邢爱国. 易贡滑坡-碎屑流-堰塞坝溃坝链生灾害全过程模拟与动态特征分析[J]. 中国地质灾害与防治学报，2019，30(5)：1-8.

63. McDougall S, Hungr O. Dynamic modelling of entrainment in rapid landslides[J]. Canadian Geotechnical Journal，2005，42(5)：1437-1447.

64. Hungr O, Evans S G. Entrainment of debris in rock avalanches: an analysis of a long run-out mechanism[J]. Geological Society of America Bulletin，2004，116(9/10)：1240-1252.

65. Savage S B, Hutter K. The dynamics of avalanches of granular materials frominitiation to runout. I: Analysis[J]. Acta Mechanica，1991，86(1-4)：201-223.

66. 孙敏. 边坡稳定分析中瑞典条分法的改进[J]. 吉林大学学报(地球科学版)，2007，37(s1)：225-227.

67. Mangeney A, Heinrich P, Roche R. Analytical solution for testing debris avalanche numerical models[J]. Pure and Applied Geophysics，2000，157(6)：1081-1096.

68. Legros F. The mobility of long-runout landslides[J]. Engineering Geology，2002，63(3-4)：301-331.

69. Olson S M, Stark T D, Walton W H, at, el. 1907 static liquefaction flow failure of the North Dike of Wachusett Dam[J]. Journal of Geotechnical and geoenvironmental Engineering，2000，126(12)：1184-1193.

70. 董天文，郑颖人. 基于强度折减法的桩基础有限元极限分析方法[J]. 岩土工程学报，2010，32(s2)：162-165.

71. 董天文，郑颖人，黄连壮. 群桩基础非线性有限元强度折减法极限分析[J]. 土木建筑与环境工程，2011，33(1)：65-70.

72. Middlebrooks T A. 1942 Fort Peck slide[J]. Transactions of the American Society of Civil Engineers，107：723-764.

73. Marcuson W F，Krinitzsky E L. (1976). Dynamic analysis of Fort Peck Dam[R]. Technical Report S-76-1, U. S. Army Engineer Waterways Experiment Station，Vicksburg，Miss.

74. Mary A M，William E W，Danny K H. Analysis of bank erosion on the Merced River, Yosemite Valley，Yosemite National Park，California，USA[J]. Environment Managemant，1994，18(2)：235-250.

75. 殷跃平，刘传正，陈红旗，等. 2013 年 1 月 11 日云南镇雄赵家沟特大滑坡灾害研究[J]. 工程地质学报，2013，21(1)：6-15.